名古屋発
ゆかりの名列車

国鉄特急形が輝いた日々

徳田耕一
Tokuda Kouichi

交通新聞社新書 123

はじめに 〝名古屋発ゆかりの名列車〟を偲ぶ

中部圏の玄関、JR東海の名古屋駅は「のぞみ」標準停車駅で、そのフリークエントサービスのよさは時刻表不要、東京・大阪への時間距離は近郊電車並みだ。東京・大阪へは気軽に行け、通勤している人も少なくない。事実、私もその一人である。

そのような背景から、名古屋駅は東海道新幹線の途中駅といった印象が強いが、在来線に目を向けると信州・飛驒・北陸・南紀を結ぶ特急列車も発着している。中央本線（中央西線）から篠ノ井線に直通する「(ワイドビュー) しなの」、東海道本線から高山本線に直通する「(ワイドビュー) ひだ」、同～北陸本線に直通する「しらさぎ」、関西本線から紀勢本線に直通する「(ワイドビュー) 南紀」がそれだ。これらの列車は名古屋発着（始発）で、国鉄時代から〝フォーライン特急〟と呼称され親しまれてきた。

名古屋発着の特急は、関東・関西発のそれと比較すれば少々地味な存在だが、東海道新幹線開通前、東海道本線の黄金時代だった昭和36年（1961）10月1日改正で登場した「おおとり」（名古屋―東京）は、主役の「こだま」「つばめ」より便利なダイヤでビジネスマンらに重宝がられた。詳しくは後述するが、そのほかの特急にも話題は多い。

中でも「(ワイドビュー)しなの」「(ワイドビュー)ひだ」「しらさぎ」は、平成29年3月4日改正でJR北海道が「エル(L)特急」の冠称を外した後も、それが残る最後の列車として注目された。しかし、時代の流れでJR東海(東日本・西日本も一部区間が該当)も翌30年3月17日改正で外し、名古屋発着の3姉妹が「エル特急」のトリを務めている。

「エル特急」のLとは、国鉄時代の昭和47年(1972)10月2日改正で登場した新しい施策の特急の愛称。解説は19~22頁にまとめたが、「しなの」は昭和48年(1973)10月1日、「ひだ」は平成2年3月10日、「しらさぎ」は昭和50年(1975)3月10日改正で「エル特急」に指定された。「しなの」と「しらさぎ」は電車特急だが、「ひだ」は非電化区間も高速で走る気動車特急であったことにも注目したい。

また、名古屋発着の〝フォーライン特急〟を車両面から考察すると、「しなの」には500馬力級大出力エンジンを搭載した〝山岳気動車〟キハ181系、さらには世界初の振子電車381系を初めて投入。「ひだ」「南紀」は日本初の特急形気動車、キハ80系最後の牙城として鉄道ファンを沸かせた。「しらさぎ」は大阪発着の「雷鳥」と共に、交直両用特急形電車481系が初めて運用された実績があり、その後は活躍車両の変化が著しく目を離せない。

このほか、九州方面の583系電車寝台特急「金星」、客車急行「阿蘇」。西鹿児島（現＝鹿児島中央）までロングランした帰省列車の臨時「金星」は、欧風客車「ユーロライナー」の編成をばらし、個室車をグリーン車として組み込んだ変わり種。また、昭和後期に走った臨時夜行急行「あおもり」は、青森まで直通した帰省客対象の客車列車だった。いずれも名古屋始発で、名古屋の人々には思い出がいっぱい詰まった哀愁列車でもある。

一方、名古屋駅には古くから〝稲沢線〟という東海道本線の貨物線が通っている。東海道新幹線のスグ東隣を通り、昭和40年代半ばまで新幹線ホームから蒸気機関車D51形の煙が見えていた。そして平成後半は、本線定期仕業が唯一残る愛知機関区のディーゼル機関車、DD51形が重連で石油列車を牽引する光景が話題となった。ひと昔前には、運用の都合でDD51形三重連の貨物列車や四重連回送なども走り、知る人ぞ知る存在だった。

名古屋駅の近くに居住する私はこれらの列車の変遷を眺め、可能な限り記録に残してきた。本書ではそれらを活用し、国鉄時代から親しまれている〝名古屋発ゆかりの名列車〟や懐かしの列車を凝縮した。ご一読いただき懐古の念を抱いていただければ光栄である。

本書の内容は原則として、平成30年4月1日現在のものです。取材、執筆、編集には万全を期しましたが、誤認、誤述などがありましたらご指摘、ご指導を賜れれば幸甚です。

名古屋発　ゆかりの名列車――目次

第3章　北陸特急「しらさぎ」物語……129

第5章　名古屋始発 懐かしの列車たち……219

序章

名古屋発 元祖 名特急「おおとり」
特急大衆化の原点「エル特急」

特急「おおとり」は昭和30年代を代表する名古屋仕立ての名列車

東海道新幹線がまだ〝夢の超特急〟だった昭和30年代半ば、東京―名古屋―大阪間の速足（はやあし）は東海道本線の特急が花形だった。昭和35年（１９６０）6月１日改正で、客車特急の「つばめ」と「はと」が「こだま」と同じ特急形電車１５１系に置き換えられ、「はと」は「つばめ」に統合。東海道本線は「こだま」と「つばめ」を各2往復、電車特急４往復体制で最高時速１１０㎞、東京―大阪間を最速6時間30分で結んでいた。国鉄は同区間の日帰りも可能な「ビジネス特急」としてＰＲし、ダイヤは両列車とも東京、大阪のビジネス客を対象に設定されていた。ちなみに、当時の特急は語源のごとく「特別急行」であり、全車指定席のため名古屋駅での特急券の入手は至難の業だった。

そうした情況のため、昭和36年（１９６１）10月１日改正で、東海道本線の電車特急は「はと」の復活などを含め最大10往復（うち2往復は不定期）に増発。その中には１５１系の運用間合いを利用した名古屋発着の「おおとり」１往復も含まれていた。

同改正での名古屋発東海道本線の特急ゴールデンタイムは下りが11～13時台と17～19時台、上りは9～11時台と15～17時台。名古屋のビジネスマンが東京へ日帰り出張するなら、大阪発特急の初列車「第１こだま」が名古屋発9時14分↓東京着13時30分で、朝は利用しやすい時間帯だ。帰りに大阪行き最終16時30分発の「第2つばめ」を利用するなら東京滞在は3時間だが、両列車とも東京―名古屋間の特急券発売枠はごくわずかだった。

ところが、新設の名古屋始発の「おおとり」なら、上りは大阪発の特急より早く東京に着き、下りは大阪行き特急の終了後に発車する。そのため東京での滞在時間が6時間もとれ、名古屋の人にはとても便利な列車だったことがご理解いただけよう。まさに「おおとり」は新幹線開通前の名古屋仕立ての名列車で、当時の花形「こだま形電車」を使用していたのも名古屋人には誇りだった。

名古屋発着の特急「おおとり」だと日帰り東京滞在時間は6時間。初列車の発車式。名古屋。昭和36年10月1日　写真：加藤弘行

●「おおとり」ダイヤ

上り名古屋発7時45分→東京着12時。下り東京発18時→名古屋着22時15分。上りは寝台特急群が発車した後を、下りは前を走った。

名古屋始発のビジネス特急「おおとり」のPR看板。バックは名古屋駅に到着した下り同列車。昭和36年10月5日　写真：権田純朗

「おおとり」のサボ、受持ちは東京の田町電車区

食堂車も連結していた。昭和39年8月5日　写真：倉知満孝

特急大衆化の布石を築いた「エル特急」

「エル特急」とは国鉄時代の昭和47年（1972）10月2日のダイヤ改正で、「数自慢、かっきり発車、自由席」をコンセプトに、気軽に乗れる特急としてPRした新施策の特急の総称。同改正では山陽新幹線の岡山開業、〝日本海縦貫線〟の米原―青森間の電化が成り、全国特急ネットワークが形成された。

これを機会に関東地区で東北本線の「ひばり」（上野―仙台）、上越線の「とき」（上野―新潟）、信越本線の「あさま」（上野―長野）、常磐線の「ひたち」（上野―仙台）、外房線の「わかしお」（東京―安房鴨川）、内房線の「さざなみ」（東京―館山）の6種、山陽地区では山陽本線～鹿児島本線の「つばめ」（岡山―熊本）、山陽本線の「はと」（岡山―下関）、東海道本線～山陽本線の「しおじ」（新大阪―下関）の3種、合計9種の列車が「エル特急」に指定された。中距離列車がメインだが、「つばめ」のような長距離列車も含まれていた。企画したのは当時の国鉄本社旅客局営業課で、同課の営業課長だった須田寛氏（→JR東海初代社長、現＝相談役）は、その名づけ親でもある。

それまで国鉄の特急は原則、全車指定席で本数も少なかったが、新幹線の運行体系をモデルに、毎時00分・30分発などの等時隔で始発駅を発車。自由席車も連結した新しい特急

単線・非電化の高山本線は民営化後、高速型気動車キハ85系への置き換えと増発で「ひだ」がＬ特急に指定された。少ケ野（信）—焼石間。平成2年4月9日

を1日複数本設定、お得な自由席特急券付き回数券なども発売し、乗車チャンスの拡大を図った。当時、都市間輸送の主役は急行だったが、上級列車としての風格は残しつつ、本数が多く自由席も利用できるエル特急は大好評を博し、お堅い国鉄の特急列車のイメージを一新した。

まさに特急大衆化のはしりで、冠称の「エル・Ｌ」とは、特急の「Limited Express」、直行の「Liner」（ライナー）、人々に可愛がってもらえる「Little」（リトル）などの頭文字をとったものという。また、当時の新幹線0系先頭車をイメージした優雅で丸みのあるデザインで「**L**」のロゴマークも制定、列車や駅の

種別表示や時刻表などにも記載された。

最盛期の昭和50年代後期は、北海道から九州まで全国で30種以上をエル特急に指定。電車特急がメインだが、伯備線の「やくも」はまだ気動車だった。国鉄民営化後は特急列車の基本となり、高山本線の「(ワイドビュー）ひだ」のように、高速型気動車への置き換えと増発を機に、気動車でも電車と同じ位置づけで指定された列車もあった。

国家試験にも出題され、昭和49年（１９７４）の国内旅行業務取扱主任者（現＝国内旅行業務取扱管理者）の問題には、「エル特急とはどんな列車ですか……」という問いにと記述式で解答させ、旅行業界も新施策の特急に関心を示していた。当時、大学４年生だった私は〝鉄〟の理解度を試してみたいと受験したが、「次から次に発車する特急で自由席もあります。急に思いたっても気軽に乗れます……」と、水を得た魚のごとく、得意げに筆を走らせたことを覚えている。学校の勉強はできなかったが、〝鉄〟のそれは意欲満々だったこともあり、運よく合格することができた。

しかし、「エル特急」なる呼称に明確な定義はなく、急行の特急格上げなどで在来線の特急は大衆化が進み、ＪＲ各社は順次、エルの冠称を外していった。最後まで残っていたのはＪＲ東海の「(ワイドビュー）しなの」「(ワイドビュー）ひだ」「しらさぎ」だったが、この3種も平成30年3月17日のダイヤ改正で「特急」に統合されてしまった。これも時代の流れだが、お堅い国鉄が放った私鉄のような施策は、特別急行を「特急」としてライフスタイルにとけこまさせ、ヒット商品としても認識させた。まさに施策を成し遂げた栄光だったのである。

ちなみに、中央本線の特急「(ワイドビュー)しなの」13往復のうちの1往復が大阪まで乗り入れていた平成28年3月25日までは、東海道本線の名古屋–岐阜間では、高山本線の「(ワイドビュー)ひだ」と北陸本線の「しらさぎ」を含む〝名古屋ゆかりの名列車〟が成長したL特急3姉妹が共演。「L」マークが時刻表を賑わせていたのである。

381系時代のエル特急「しなの」は、ヘッドマークと側面の種別方向幕にエル特急を表す「L」のロゴが描かれていた。リニア・鉄道館で

第1章

木曽路の韋駄天列車「しなの」

●運行開始＝昭和28年（1953）7月11日から不定期
11月11日に定期列車化
●エル特急指定＝昭和48年（1973）10月1日
解除＝平成30年（2018）3月17日

木曽路の旅に夜明けをもたらした名列車

東京と名古屋を旧甲州街道と旧中山道沿いに結ぶのが「中央本線」。しかし、塩尻を境に運転系統が分かれ、国鉄時代から東を中央東線、西を中央西線と呼称。現在、両区間を直通する定期列車の設定はない。塩尻では篠ノ井線（塩尻－篠ノ井）と接続するが、路線の性格上、列車は東京（新宿）、名古屋方面とも同線を経由し信越本線、または松本で分岐する大糸線へ直通。信州へのメインルートとして発展してきた。

ところで、中部圏のゲートシティー・名古屋がターミナルの中央西線は、岐阜県の中津川を過ぎると山岳路線の様相を呈し、木曽川とその支流によってできた狭長の木曽谷にへばりつくようにして走る。その周囲は山また山、厳しい地形が連続する鉄路をＳＬ（蒸気機関車）時代は重装備のＤ51形が健闘し、本線とは名ばかりの山岳ローカル線だった。

その木曽路の旅に夜明けをもたらした列車が、昭和28年（１９５３）７月11日に登場した昼行準急「しなの」だった。ＳＬ牽引の客車列車で、名古屋－長野（名長）間に１往復の運転。当初は不定期列車ながらも観光・ビジネス客らに大好評を博し、同年11月11日には晴れて定期列車となる。中央西線初のネームドトレインで、昭和34年（１９５９）12月13日には新製キハ55系気動車に置き換えて急行に昇格。〝ヨン・サン・トオ〟こと昭和43

大出力エンジンを搭載した新型強力気動車キハ181系「しなの」の登場は中央西線の歴史的エポックでもあった。上り12D　十二兼。昭和46年10月31日　写真：加藤弘行

年（１９６８）10月１日改正では、大出力エンジン搭載の新型強力気動車キハ１８１系を投入し特急へと出世する。そして、昭和48年（１９７３）７月10日の中央西線・篠ノ井線の全線電化開通ダイヤ改正では、世界初の振子電車３８１系も戦列に加わった。思えば昭和28年に登場の〝ＳＬしなの〟は名古屋―長野間約２５０㎞を約５時間半の表定速度時速約46㎞、その20年後の〝振子しなの〟は約３時間20分で同75㎞までアップし、このスピードは木曽路に〝ミニ新幹線〟が開通したような趣だった。

　名長間は現在、ＪＲ東海が開発した制御付き自然振子電車３８３系による

「(ワイドビュー)しなの」が最速2時間53分・表定速度時速約87kmで疾駆しているが、本章では山岳ローカル線の高速化に貢献した韋駄天車両や優等列車の変遷、章末の「名車追想の旅」では、国鉄形振子電車で初めてグリーン車に「パノラマ車」を連結した381系〝パノラマしなの〟の旅を懐古していただこう。

「中央本線」優等列車のルーツは中央西線の夜行準急

名古屋―長野間は約250km、第二次世界大戦前に優等列車の設定はなく、昼行列車は直通タイプでも所要7時間以上かかっていた。そうした中で、深夜に小駅を通過する夜行鈍行1往復(803・804列車)には寝台車を連結。所要時間に大差はないが、寝ている間に移動ができるため、信州への便利な足として人気があった(以上、鉄道省編集時刻表・東亜旅行社・昭和17年11月号で確認)。

しかし、戦時中には寝台車を外し、のち運転区間を名古屋―新宿間に変更、塩尻では同駅発着の長野行きに連絡した。その後は再び名古屋―長野間の直通に戻るが、終戦直後の混乱期でもあり運転休止期間もあった。そして、昭和21年(1946)半ばごろからは2等車(現在のグリーン車に相当)を連結、列車種別こそ普通だったが通過駅も多く〝看板列車〟になっていた（以上、財団法人日本交通公社の時刻表・昭和20年9月・通巻２３８号、同21年8月・通巻２４９号などで確認）。
　この〝看板列車〟は戦後復興期の昭和22年（１９４７）6月22日改正で、列車種別が準急（料金必要・2等車連結）に格上げされる。もちろんＳＬ牽引の客車列車だが、当時、中央東線の夜行（新宿―長野間1往復）はまだ普通列車だったので、中央西線のそれは「中央本線」初の優等列車と位置づけられよう（以上、財団法人日本交通公社の時刻表・昭和22年11月・通巻２６１号で確認）。
　ちなみに、中央東線に優等列車が登場するのは昭和23年（１９４８）7月1日のこと。当初は不定期の夜行準急で、翌24年9月15日から定期列車（2等車連結）に昇格。運転区間は新宿―松本間で、この夜行準急は昭和26年（１９５１）4月15日改正で「アルプス」と命名。同改正では中央東線に臨時の昼行準急も新設されている。

中央西線には準急「しなの」が登場！

　夜行準急は観光シーズンの登山客をメインに普段はビジネス・用務客らの利用が多く、年々需要が高まっていった。そうした中で、中央西線のさらなる飛躍を期待し、昭和28年

（1953）7月11日には不定期ながらも昼行の優等列車として、準急「しなの」が新設された。名古屋－長野間に1往復の運転で2等車も連結、もちろんSL牽引の客車列車だった。中央西線初のネームドトレインで、当時は先輩の夜行準急に列車名称が付けられていなかっただけに、昼行準急への命名は、国鉄が「しなの」を新しい看板列車に育てようとする意気込みが感じられた。不定期時代のダイヤは、下り2805列車名古屋発9時55分→長野着15時30分、上り2806列車長野発12時50分→名古屋着18時29分で、夜行準急より約1時間半短縮し所要約5時間半で走破した。

一方、定期列車化されたのは昭和28年11月11日だが、利用客も安定した昭和31年（1956）12月1日の全国時刻大改正時の「しなの」は、下り805列車名古屋発10時↓長野着15時32分、上り806列車長野発12時50分↓名古屋着18時32分。編成は名古屋発長野行きの場合、前から②ハ＋③ロ＋④～⑦ハの6両（○は号車番号、塩尻－長野間逆編成）。同改正でも夜行準急は無名のままだったが、定期1往復には2等車のほか3等寝台車も連結、客車の一部は塩尻で分割・併合し新宿まで直通した（昭和29年ごろから実施）。編成は名古屋発長野・新宿行きの場合、前から増①ハ＋増②ハ＋ユニ＋①ハネ＋②ハ＋③ロ＋④～⑦ハの10両、増①②号車は新宿行き（①～⑦号車は塩尻－長野間逆編成）。この

D51 686＋D51 903の重連牽引の準急「しなの」。重連D51の排気は連続音で当時、小牧基地配備のF86ジェット戦闘機の音に似ていた。神領―高蔵寺間。昭和34年３月21日　写真：加藤弘行

ほか不定期1往復も走り、編成は②ハ＋③ロ＋④〜⑨ハの8両。＊凡例　ロ＝2等車、ハ＝3等車、ハネ＝3等寝台車、増＝増結車、ユニ＝郵便荷物車（以上、日本国有鉄道監修時刻表・財団法人日本交通公社・昭和31年12月号で確認）。

その後、中央西線の夜行準急は不定期列車の定期化で2往復となり、新宿直通の増結車は座席車のみの1往復に併結された。そして、悲願の列車名称が付与されたのは昭和34年（１９５９）12月13日改正（後述）で、気動車化され急行に昇格する「しなの」を補完し、夜の部のスターの準急は、「きそ」と命名されたのであった。

気動車急行「しなの」に昇格

中央西線の看板列車に成長した「しなの」は、高山本線に先行導入された新型気動車キハ55系の実績を活かし、昭和34年（１９５９）12月13日改正で同系新製車を投入、急行に昇格した。同線優等列車無煙化のトップで木曽路の旅も「しなの」なら快適になった。

キハ55系とは、キハ55形（旧キハ４４８００形）やキハ26形、キロ25形などの総称。昭和31年、国鉄が初めて開発した優等列車向けの液体変速式気動車で、東武鉄道の「日光特急」１７００系に対抗するため、日光線の準急「日光」（上野—日光）に投入された実績を持つ。ベースになったのは、ローカル列車用でディーゼルエンジン１基搭載の３等気動車、液体式の総括制御可能なキハ10系（キハ17形〈旧キハ４５０００形〉やキハ10形〈旧４８１００形〉）だ。キハ55系はそれに種々改良を加え、３等車のキハ55形はエンジンを２基にして出力増強を図り、窓がワイドな急行用軽量客車10系並みの車体を載せ、車体塗色は黄色をベースに３等車は赤、２等車は青の帯を巻き、そのスマートないでたちは注目を浴びた。なお、１・２等合造車のキロハ25形、２等車のキロ25形、平坦線用３等車のキハ26形（キハ55形と組めば勾配路線でも使用可）などは１基エンジンだった。

全国各地で亜幹線の優等列車の無煙化に貢献し、名古屋地区では昭和33年３月１日改正

キハ55系の急行「しなの」は中央西線優等列車無煙化のパイオニアだった。高蔵寺駅を通過する下り801D。昭和35年１月７日　写真：加藤弘行

で登場した高山本線の「ひだ」に続き、中央西線の昼行準急もその対象になる。名古屋―長野間はキハ55系の投入で、ＳＬ時代より約１時間もスピードアップが実現し最速４時間35分。かつ車両もグレードアップしたことから急行料金を適用。列車名称はすでに親しまれている「しなの」を継承し、気動車急行として新たなるスタートをきった。当初は多治見機関区に10両（キハ55形１５０～１５７、キロ25形18・19）が配置された。

ダイヤは、下り８０１Ｄ名古屋発８時40分↓長野着13時15分、上り８０２Ｄ長野発15時05分↓名古屋着19時45分。編成は長野行きの場合、前から①～③ハ（キハ55形）＋④ロ（キロ25形）＋⑤～⑦ハ（キハ55形）の７両（塩尻―長

野間逆編成)。＊凡例　ハ＝2等車、ロ＝1等車（いずれも自由席）

なお、昭和35年（1960）7月1日には国鉄運賃・料金改定があり、旧2等車以上は新1等車（現＝グリーン車）、旧3等車は新2等車（現＝普通車）に変わった。

紅白のテープを切る平出支社長

名古屋駅を出発する試乗の学童ら

信濃路に走る 初のディーゼル急行列車

十二月十三日から名古屋～長野間

十二月十三日から名古屋、長野間を四時間三十分で走る、中央線で始めてのディーゼル急行「しなの号」の運転を開始した。

十三日は運転開始にさきだち、名古屋駅八番ホームで、処女列車発車十分前の八時三十分から、平出中部支社長、豊原局長らが出席して記念行事を行った。

まず運転開始を祝って、平出支社長、豊原局長、酒井機関士、日比車掌に、名古屋商工会議所の細川敦子さん(22)ら四名と鉄道弘済会名古屋支部の千賀道子さん(19)ら四名の洋装やふりそで姿も美しいお嬢さん方から花束が贈られ、国鉄名古屋工場の福島職員の指揮する工場ブラスバンドの奏でるうち、発車合図とともに平出支社長が、稲川名古屋駅長と武藤名古屋機関区長の持つ、紅白のテープを切り、列車は支社長、局長、招待者及び一般乗客数百名を乗せ、多勢の人達の打ち振る手旗、風船の波の中を、静にすべり出して行った。途中多治見駅と中津川駅でも支社長、局長、機関士に花束の贈呈があった。

中央西線初のディーゼル急行の運転を報じる中部日本新聞の昭和34年12月14日朝刊。提供：中日新聞社

昼行準急は客車列車。煙突と砂箱などが一体となった通称ナメクジ型のD51 2が牽引する「きそ」。下り2805レ。高蔵寺。昭和37年5月23日　写真：加藤弘行

「しなの」に新型キハ58系を投入、姉妹列車「信州」も新設

気動車急行「しなの」は大好評を博していた。そこで昭和36年（１９６１）10月１日改正では、キハ55系をグレードアップした新型急行用気動車キハ58系も組み込まれた。

国鉄はキハ55系の実績から気動車でも中長距離列車への使用が可能と判断し、幹線・ローカル線を問わず非電化路線にも急行列車の新設を進めていた。そうした中で、性能的にはキハ55系を継承したものの、車内設備の充実を図り、車体を一回りワイドにした新型車がキハ58系である。目玉は、２等車のキハ58形にも竣工時から照明に蛍光灯を採用（先輩キハ55形は白熱灯、のち蛍光灯化）、洗面所は独立タイプとなる。また、１等車のキロ28形は回転式リクライニングシート（キロ25形は広幅の回転シート）を装備した。

同改正では「しなの」の姉妹列車として昼行急行「信州」を１往復、夜行準急「きそ」を補完する夜行急行「あずみ」を１往復新設。また、大阪発着の準急「ちくま」を急行に格上げ気動車化し、長野機関区の〝横軽対策〟（アプト区間通過のため横型エンジン搭載）を施したキハ57系も使用。この増発で名古屋—長野間は、気動車急行が昼行・夜行とも各２往復の合計４往復、ほかにＳＬ牽引の昼行準急「きそ」１往復、夜行準急「きそ」も定期（寝台車連結）・不定期各１往復の合計２往復が走り、優等列車は利用しやすくなった。

急行形気動車の本格派キハ58系も加わりより快適になった「しなの」。先輩キハ55系も急行色に塗替え組み込んでいる。神領駅を通過する下り801D。昭和37年11月24日
写真：加藤弘行

気動車急行「信州」は「しなの」の姉妹列車として新設。昼行急行は2往復体制となる。下り803D、キハ58系ほか9連。春日井―神領間。昭和37年6月1日
写真：加藤弘行

夜行急行「あずみ」も登場した。上り806D、キハ58系8連。春日井―勝川間。昭和37年5月12日　写真：加藤弘行

急行「しなの」はさらに増発

昭和37年（１９６２）12月１日改正で、ＳＬ牽引の客車列車だった昼行の「きそ」１往復と、長野―新潟間の気動車準急「あさま」１往復を統合。準急から急行に格上げ両区間を気動車化し、名古屋―新潟間（長野・直江津経由）をロングランする急行「赤倉」１往復が登場した。翌38年10月１日改正では、急行「信州」が「しなの」に統合され「しなの」を２往復とし、昭和41年３月10日改正ではさらに１往復増発し３往復になる。しかし、当時の最速列車は名長間で５時間前後と少しスピードダウンした。

なお、昭和41年（１９６６）３月５日には料金制度の変更があり、運行距離１００㎞を超える準急はすべて急行とし、準急「きそ」や「きそこま」（多治見↓長野・長野↓中津川）も急行に昇格した。

中央西線　名古屋―瑞浪間の複線・電化が完成

昭和41年（１９６６）５月14日には名古屋―多治見間、同年７月１日には多治見―瑞浪間の複線・電化が完成。７月１日改正では、名古屋―瑞浪間のローカル列車の多くに70系電車を投入。客貨列車は稲沢・名古屋―多治見間がＥＬ（電気機関車ＥＦ64形）牽引となり、多治見ではＥＬとＳＬ（蒸気機関車・Ｄ51形）の付け替えを実施。一部の客車列車は名古屋―塩尻間でＤＬ（ディーゼル機関車・ＤＤ51形）牽引を開始した。

新型強力気動車の量産試作車キハ91系が急行「しなの」で実用試験を開始

東海道新幹線の開通後、国鉄は全国の主要幹線・亜幹線で特急ネットワークの整備を進めていた。名古屋と信州を結ぶ中央西線も候補にあがり、幹線系で実績のある電車特急並みの車内設備を誇るキハ80系の投入が予想された。しかし、キハ80系は先頭車が1エンジン（中間車は2エンジン）のうえ、エンジンは1基180馬力しかなく、急勾配が連続する山岳線区では均衡速度（速度制限などを考慮しない場合に出す最高速度）の向上が厳しかった。そこで昭和41年（1966）春、新型強力気動車の量産試作車として、1両あたり300馬力エンジン1基を搭載したキハ90形（1）と、500馬力の同キハ91形（1）の各1両を新造。千葉鉄道管理局管内の房総西線（現＝内房線）などで性能試験を実施した。

結果は山岳線区の場合、300馬力だと1両あたり2基搭載の必要があり、500馬力だと冷房用の発電セット（発電用エンジン）を搭載しても1基ですむ。そこで量産試作車の増備は急行形のキハ91系とし、キハ91形（2―8）7両と、特急用食堂車を付随車にす

キハ91系は急行「しなの」で実用試験を行った。多治見。昭和43年７月１日

るためのデータ取得用に１等車で付随車のキサロ90形（１－３）３両が新造された。名古屋鉄道管理局の名古屋機関区には先行の２両を含む12両が配置され、昭和42年（１９６７）10月１日から急行「しなの」（第２しなの）１往復に投入、８両編成で営業列車での実用試験を開始した。このうちキハ90形は１両のみの異端車で、かつエンジンが３００馬力のため予備車扱いになった。

一方、国鉄は翌43年秋にも中央西線に特急の新設を急いでいた。だが、キハ91系の実用試験満了までには時間がかかるため、走行性能で適度の実用性があると判断されたキハ91形のエンジンなどと、特急形気動車キハ80系（キハ82形）の車体を折衷した格好で、新系列の新型強力気動車の設計を加速させたのである。

木曽路にキハ181系の特急「しなの」デビュー、瑞浪―中津川間も電化開業

新型強力気動車は新系列キハ181系に決まり、量産先行車14両が昭和43年（1968）7〜8月に登場した。内訳は先頭車のキハ181形（1―4）4両、中間車はキハ180形（1―6）6両とキロ180形（1―2）2両、そして付随車で食堂車のキサシ180形（1―2）2両で、いずれも名古屋機関区に配置された。

キハ181系は〝ヨン・サン・トオ〟こと昭和43年10月1日の全国白紙ダイヤ改正で、名古屋―長野間に1往復新設された特急に投入、編成は基本9両で、列車名称は伝統の「しなの」が登用された。急行のまま残ったその他の旧「しなの」は「きそ」に改称、夜行急行も大阪発着の「ちくま」を除き「きそ」に統合され、列車号数も連番になる。

中央西線初の特急「しなの」は全車指定席、2等車も含め冷暖房完備で、食堂車で食事を楽しみながら木曽路の美景が眺められるとあって連日満員御礼だった。しかし、キハ181系は500馬力の大出力エンジンを搭載し最高速度は時速120㎞まで可能だが、運転開始から1年間は最高速度を時速95㎞に抑え、高加速のみ活かし、名古屋―長野間を約4時間10分で結んでいた。

ダイヤは下り11D名古屋発8時40分→長野着12時51分、上り12D長野発15時10分→名古

屋着19時24分。編成は長野行きだと、前から①ハザ（キハ181形）＋②ハザ（キハ180形）～③ハザ（キハ181形またはキハ180形）＋④～⑥ハザ（キハ181形）＋⑦シ（キサシ180形）＋⑧ロザ（キロ180形）＋⑨ハザ（キハ181形）の9両（塩尻－長野間逆編成）。＊凡例　ハザ＝2等指定席、ロザ＝1等指定席、シ＝食堂車

なお、量産試作車のキハ91系は、「しなの」の特急格上げ後も引き続き急行「きそ」1往復で運用。予備車で1両のみのキハ90形は昭和46年（1971）に500馬力エンジンに換装、キハ91形に編入しキハ91 9に改番された。

中央西線初の特急「しなの」発車式。新型強力気動車キハ181系を投入しスピードアップ。名古屋。昭和43年10月1日

一方、瑞浪－中津川間は昭和43年8月16日に電化と一部区間を除く複線化が完成。同年10月1日改正でローカル列車の大半を電車化し、名古屋－恵那間は完全無煙化された。恵那－中津川間は明知線（現＝明知鉄道）の貨物列車を牽引するC12形が中津川機関区へ入出庫するため、しばらくは煙が残る。なお、本線の機関車付け替え（EL～SL）は中津川で実施した。

「しなの」は名古屋―長野間最速3時間58分に！

特急「しなの」は木曽路の旅をより快適にしたが、キハ１８１系は新系列車両でもあり初期故障が続出。名古屋はもちろん岐阜県東濃地方の夏は昔も今も〝猛暑〟が名物。それに続く木曽路の勾配区間で奮闘する新開発のＤＭＬ30ＨＳＣ型エンジンも、暑さでオーバーヒートすることがあった。昭和44年（１９６９）の夏はそれに起因する車両故障が多々あり、予備車不足で量産先行試作車でもある急行形のキハ91形を編成に組み込んで走行性能を確保、なりふりかまわない珍編成で営業運転に就いたこともあった。

しかし、キハ１８１系のケアを担う名古屋機関区や名古屋工場の職員の情熱でピンチをクリアし、昭和44年10月１日のダイヤ改正から当初の計画通り、名古屋―長野間は４時間を切る３時間台、最速３時間58分（下り）運転を開始したのである。

なお、昭和44年５月10日の国鉄運賃・料金改定では等級制を廃止。旧２等車は普通車、旧１等車はグリーン車に呼称変更し、特別車両料金のグリーン料金がスタートした。

特急「しなの」は3往復に増発、うち1往復は大阪発着、名長間最速3時間52分

昭和46年（１９７１）３～４月、名古屋第一機関区（旧＝名古屋機関区）にはキハ

１８１系の増備車21両（キハ１８１形５両、キハ１８０形12両、キロ１８０形２両、キサシ１８０形２両）が配置され、同区の同系は総勢35両となる。増備車のうち６両は、特急「おき」（新大阪－出雲市〈伯備線経由〉用として米子機関区に一旦配置後に転属した５両と、奥羽本線の特急「つばさ」に少し使用し尾久客貨車区から転属した１両も含まれていた。

昭和46年４月26日改正では、大阪発着の急行「ちくま」の昼行１往復を特急に格上げ「しなの」に統合。名古屋発着はさらに１往復増発。「しなの」は３往復になり２往復（下り１・２号、上り２・３号）は普通車１両を増結した10両（名古屋・大阪方が⑩号車）、１往復（下り３号・上り１号）は７両編成とした。この増発で「しなの」は名古屋・長野発とも朝・昼・夕に発車。このうち大阪発の下り「しなの２号」は名古屋－長野間を３時間55分に短縮した。翌47年（１９７２）３月15日の山陽新幹線岡山開業に伴うダイヤ改正で、大阪発「しなの２号」の名古屋発を11時に変更。同列車は名長間でさらに速達化されて３時間52分（表定速度＝時速65・３㎞）で疾駆し、気動車時代の最速列車になった。

〈以下昭和47年３月15日改正「しなの」ダイヤ　◎は10両編成　※は名長間の最速列車〉

下り◎「しなの１号」（11Ｄ）名古屋発８時→長野着11時55分、◎「しなの２号」（※

４０１３Ｄ）大阪発８時30分↓名古屋発11時00分↓長野着14時52分、「しなの３号」（15Ｄ）名古屋発16時00分↓長野着19時56分。下りは３本とも松本から普通車は自由席。

上り「しなの１号」（12Ｄ）長野発８時35分↓名古屋着12時32分、◎「しなの２号」（４０１４Ｄ）長野発12時35分↓名古屋着16時29分↓大阪着19時、◎「しなの３号」（16Ｄ）長野発16時↓名古屋着19時56分。編成は10両編成の長野行きだと、前から①ハザ＝普通車指定席・以下同（キハ１８１形）＋②ハザ（キハ１８０形）＋③ハザ（キハ１８１形またはキハ１８０形）＋④～⑥ハザ（キハ１８０形）＋⑦シ＝食堂車（キサシ１８０形）＋⑧ロザ＝グリーン車指定席（キロ１８０形）＋⑨ハザ（キハ１８０形）＋⑩ハザ（キハ１８１形）。７両編成の長野行きの場合、10両編成の④～⑩号車の７両が７両編成の①～⑦号車に振り替えられた。（以上、塩尻―長野間逆編成）

東海道本線を快走する大阪発長野行き特急「しなの２号」キハ181系10連。岐阜―尾張一宮間。昭和47年3月19日
写真：岸 義則

車体傾斜車両、振子電車の開発が始まる

初期故障続出のキハ１８１系だったが、連続勾配への克服はそれなりの成果をもたらし、国鉄技術陣は車体を傾けカーブを高速で通過できる振子車両の開発に精魂を傾けた。

列車のカーブ通過時には遠心力が発生する。それは線路を内側に傾斜（カント）させれば解消できるが、高速で通過する場合線路の傾斜だけでは解消できない。振子車両は車体を傾け遠心力の解消を補うが、その研究のため、昭和45年（１９７０）に自然振子式車体傾斜車両の高速試験車、交直両用の５９１系電車が竣工。当初は仙台運転所に配置され東北本線で試験走行を実施。のち各地を転々し、中央西線・篠ノ井線に振子電車の投入が決定すると長野鉄道管理局の長野運転所に転属、信越本線などで試験走行を継続した。

振子電車３８１系が登場

国鉄は日本初の営業用車体傾斜車両３８１系の設計・製造を始め、昭和47年第１次債務で、中央西線・篠ノ井線電化訓練用に自然振子式の３８１系直流特急形電車６両（とりあえず４Ｍ２Ｔの６両編成１本）を新製。その回送は、中央西線の中津川以北はＳＬ・Ｄ51形が牽引し、昭和48年（１９７３）５月19日に長野運転所に回着した。さらに「しなの電

車化用」として昭和48年民有車両の41両も6月までに登場。総勢47両が出揃い、試運転や乗務員の習熟運転を開始した。なお、急行用の165系は名古屋鉄道管理局の神領(じんりょう)電車区(現＝JR東海神領車両区)に配置された。

381系はコロ軸支持式の振子電車で最高速度は時速120km。車体傾斜角度は最大5度、カーブ通過速度は最大で本則＋時速25km、ただし時速50km以下の場合、振子装置は動作しない。台車は振子機能を備えた新設計のもので電動車はDT42、制御車・付随車はTR224を履いた。車体は重心を低くするため耐食アルミの軽合金を採用。車体断面は卵形で窓は内側に向かって傾斜し、車窓の架線柱が斜めに立っているようにも見える。前面は183系特急形電車のような観音開きの貫通型になったが、大糸線への乗り入れを想定し分割・併合を可能にしたとか。また、主電動機やパンタグラフは試験車591系で開発したものを改良し、振子機能の円滑作用を図るためクーラーなどの重量物は極力床下に移し、屋根上機器はパンタグラフのみとした。また、客室の側窓はブラインド内蔵の固定式二重窓、デッキと客室の仕切り扉は自動化、普通車の座席も新機構の簡易式リクライニングシートを採用するなど、車内設備はよりグレードアップした。

381系の編成は基本9両。名古屋発長野行きは、長野方から①クハ381形(Tc)＋

②モハ３８１形（M）＋③モハ３８０形（M'）＋④モハ３８１形（M）＋⑤モハ３８０形（M'）＋⑥サロ３８１形（Ts）＋⑦モハ３８１形（M）＋⑧モハ３８０形（M'）＋⑨クハ３８１形（Tc）。⑥号車はグリーン車で、塩尻―長野間は逆編成。○は号車番号

木曽路のスプリンター〝振子しなの〟発車！

昭和48年（１９７３）７月10日、中央西線の中津川―塩尻間と篠ノ井線の松本―篠ノ井間の電化が完成。名古屋―長野間は全区間が直流１５００Ｖの電化区間となり、長年にわたり木曽路に君臨したＳＬ（Ｄ51形）は勇退した。この日行われたダイヤ改正で、昼行の急行「きそ」２往復を特急に格上げ、それを含み特急「しなの」は５往復増発の８往復に増強。うち６往復には振子電車３８１系を投入し、同区間を最速３時間20分で疾駆、名実ともに中央西線の代表列車に成長した。まさに〝振子しなの〟は〝木曽路のスプリンター〟と言っても過言ではない。ちなみに、２往復は引き続き名優キハ１８１系で運転。しかし、自慢の大出力エンジンも振子電車にはかなわず、名古屋―長野間では約40分の大差がついてしまった。なお、〝振子しなの〟も〝気動車しなの〟も全車指定席だった。

名古屋駅では７月10日、９時発の下り長野行き特急「しなの３号」１００５Ｍで出発式

が挙行された。世界初の振子電車のデビューとあってマスコミの取材も熱烈。当時はＳＬ末期で、空前のＳＬブーム。ＳＬの撮影がきっかけで鉄道ファンになった人も多く、ホームは大勢のファンで埋まった。当時、私は20歳で大学3年生。子どものころからの〝鉄病〟が高じ鉄道三昧を楽しんでいたが、その盛り上がりぶりはキハ１８１系「しなの」がデビューした〝ヨン・サン・トオ〟以上だったと記憶している。

名古屋―長野間に8往復走る特急「しなの」の名古屋発は、昼行ジャスト発車の00分。午前中は7～11時台に毎時1本で1時間ごと（8・11時台は気動車）、午後は13・15・17時台に毎時1本で2時間ごとと、覚えやすいダイヤを売りものにした。まさに木曽路の〝ミニ新幹線〟の感覚だが、さらに気軽に利用してもらおうと、昭和48年10月1日改正では各列車とも自由席を3両新設し「エル特急」に指定された。

名古	800	803	820	823	839	900
金山	レ	08	レ	29	44	レ
鶴舞	特	11	レ	32	47	特
千種	⊗	14	827	36	50	⊗
大曽	（しなの2号）	17	急	39	53	（しなの3号）
新守		20	⊗	43	56	
勝川		24		46	900	
春日		27	836	50	04	
神領		33	（つがいけ1号）	53	07	
高蔵		44		57	912	
定光		49		902		
古虎		53		06	…	
多治	827	858	850	911	…	923
	828	859	850	913	…	924
土岐	レ	906	857	20	…	レ
瑞浪		13		927	…	
釜戸		20			…	
武並		26	レ	…	…	レ
恵那	レ	32	917	…	…	944
美乃	レ	38	レ	…	…	レ
中津	904	945	927	…	…	レ
	904	…	929	…	…	レ
落合	レ	…	レ	…	…	レ
坂下	レ	…	938	…	…	レ
田立	レ	…	レ	…	…	レ
南木	レ	…	946	…	…	レ
十二	レ	…				
			1031	…	…	1038
原野	レ	…	レ	…	…	レ
宮越	レ	…	レ	…	…	レ
藪原	レ	…	◆	（藪原停車（1053発）は7月15～8月31日と12月25～3月31日）	…	レ
奈良	レ	…	レ		…	レ
平沢	レ	…	レ		…	レ
贄川	レ	…	レ		…	レ
日出	レ	…	レ		…	レ
洗馬	レ	…	レ		…	レ
塩尻	1039	…	1124		…	1110
	1042	…	1130		…	1114
広丘	レ	…	レ		…	レ
村井	レ	…	レ		…	レ
南松	レ	…	レ		…	レ
松本	1054	…	1144		1229M	1124
	1055	…	1153		1148	1127
田沢	（松本から一部自）	…	信濃大町・南小谷 1233着・1333着		56	（松本から一部自）
明科		（以下205頁）			1203	
西条					21	
坂北					25	
麻績					30	
冠着					35	
姨捨					42	
稲荷	レ	…		…	54	レ
篠井	レ	…	…	…	59	レ
川中	レ	…	…	…	1304	レ
長野	1159	…	…	…	1309	1220

名古屋―長野間は、名古屋9時発の振子電車「しなの3号」が3時間20分で走破するが、同8時発の気動車を使用する「しなの２号」は3時間59分と39分もの大差がついた。しかし“気動車しなの”には食堂車が連結され、揺れが少なく人気があった。『ダイヤエース時刻表』昭和48年8月号（弘済出版社〈現＝交通新聞社〉刊）

引退迫るD51形が振子電車381系の回送を牽引する“木曽路の新旧交代ショー”。田立—南木曽間の旧線を走った381系も貴重な記録。昭和48年5月19日

中央西線・篠ノ井線の全線電化開通で特急「しなの」に381系振子電車を投入。名古屋駅で挙行されたその出発式。昭和48年7月10日

カーブに強い振子電車が活躍する特急「しなの」381系9連。鶴舞—金山間。昭和53年8月24日

名優キハ181系の一部は山陰へ

「しなの」の多くは振子電車に変わったが、余剰の名優キハ181系9両（キハ181形3両、キハ180形4両、キロ180形1両、キサシ180形1両）は、名古屋第一機関区（現＝JR東海名古屋車両区）から山陰の米子鉄道管理局米子機関区（現＝JR西日本米子支社米子運転所〈乗務員区所〉）へ転属。新たなる活躍をすることになった。

これらの仲間は昭和48年10月1日改正から、岡山で山陽新幹線と連絡する伯備線の特急「やくも」の増発用に充当された。同改正で「やくも」（岡山―益田・出雲市ほか）は2往復増発（岡山―松江・米子〈上りは出雲市始発〉）の6往復になる。

米子機関区へのキハ181系の投入は昭和46年（1971）春。急行「おき」（京都―大社〈伯備線経由〉）の特急格上げによる特急「おき」（新大阪―出雲市〈同〉）新設に伴うもの。新幹線連絡の特急「やくも」の新設は翌47年3月15日の山陽新幹線岡山開業時で、前述の「おき」は新大阪―岡山間を廃止し「やくも」に統合、当初は食堂車も連結し4往復（岡山―益田・出雲市）でスタートした。

ちなみに、伯備線はSL時代末期、D51の三重連で鉄道ファンを沸かせたが、キハ181系「やくも」もそこを走り注目された。

コラム　特急「しなの」昭和情話

車掌さんも電車酔い？

〝振子しなの〟は「カーブでもスピードを落とさない新型特急」として注目されたが、傾斜や復元作用が激しいので乗り物酔いする人も出現。車内巡回に忙しい車掌さんも酔った人がいたという。そこで万全を期すため、車掌室には酔い止め薬を常備。座席や洗面所にはエチケット袋も備えるなど、車内放送ではそれを案内し、振子電車の特殊性を呼びかけていた。

スピードか旅情か、二つの選択肢が存在した！

しばらくはキハ181系の〝気動車しなの〟も2往復残り、うち1往復は大阪発着だった。でも〝気動車しなの〟には食堂車が連結され、落ち着いて食事を味わいながら〝鉄旅〟を楽しむ旅情派には人気があった。前述のごとく〝振子しなの〟は乗り物酔いが懸念され、少し時間がかかっても〝気動車しなの〟を選ぶ人もいた。その〝おまけ〟が食堂車だったのである。

そのようなことで「しなの」には一時、スピードか旅情の2つの選択肢が存在した。だが、この食堂車も昭和48年11月1日から営業を中止。のち編成から外され、7号車は欠号車になっていた。

食堂車連結の「しなの」ダイヤ

下り名古屋発、8時（2号）・11時（※5号・大阪始発8時20分）→長野着11時59分・14時58分。上り長野発、13時55分（※4号）・15時55分（6号）→名古屋着17時51分（大阪着20時22分）・19時59分。標準停車駅＝名古屋・多治見・中津川・木曽福島・塩尻・松本・長野。※大阪発着の下り5号、上り4号は多治見・中津川を通過

「しなの」全列車を振子電車化

381系振子電車と181系気動車が共演していた「しなの」だが、全列車のスピードアップと車両運用の効率化を図るため、昭和49年第2次民有車両として381系が30両増備され、長野運転所に配置。この増備で同所の381系は総勢77両になった。

「しなの」の全面電車化は、山陽新幹線博多開業の昭和50年（1975）3月10日改正を予定していたが、一足早く同年2月21日に実施。大阪発着の「しなの」も対象だが、東海道本線内は架線やATSなどの地上設備が未整備のため、振子機能はロックして運転。また、同系統が通過していた中央西線の多治見と中津川は全列車停車となった。

名古屋から消えたキハ181系

キハ181系の残党は「しなの」の全面電車化で名古屋を後にし、山陽新幹線博多開業に伴う昭和50年（1975）3月10日改正から、中国・四国地方の特急用に再就職した。

山陰の米子機関区へは昭和48年に続き18両（キハ181形3両、キハ180形10両、キロ180形2両、キサシ180形3両）が転属し、新幹線連絡「やくも」（岡山－益田・出雲市・松江）の増結用に投入、堂々11両編成4往復、8両編成2往復となった。

四国鉄道管理局の高松運転所（現＝ＪＲ四国高松運転所）へは８両（キハ１８１形３両、キハ１８０形４両、キロ１８０形１両）が転属。土讃線の急行「土佐」「あしずり」各１往復を特急に格上げ、特急「南風」（高松―高知・中村）２往復の増発用に投入された。なお、四国へのキハ１８１系の導入は昭和47年３月15日の山陽新幹線岡山開業時で、宇野線快速～宇高連絡船と接続し、「しおかぜ」（高松―松山・宇和島）３往復、「南風」（高松―中村）１往復の四国初の特急を新設した。

「しなの」は９往復に増発、前面ヘッドマークは絵入り化

昭和53年（１９７８）10月２日改正では、急行「きそ」１往復の特急格上げで「しなの」は９往復に増発。長野運転所には３８１系が11両増備されたが、先頭車クハ３８１形は非貫通型の１００番代で、乗務員室の機器配置を一部変更し前面愛称表示幕を少しワイド化。これで同所の３８１系は総勢88両になる。同改正では「しなの」のヘッドマークも絵入り化。また、列車号数は従来の連番から、下り＝奇数・上り＝偶数に変更された。

一方、大阪発着の急行「ちくま」は、夜行の定期列車１往復を気動車から客車に置き換え20系寝台車＋12系座席車で運転。これぞ木曽路初の〝セミブルトレ〟だが、名古屋駅は

深夜のため通過扱い（運転停車はした）とした。

塩尻駅が移転しスイッチバックが解消

昭和57年（1982）5月17日、中央本線（中央東線・中央西線）と篠ノ井線が接続する塩尻駅の構内改良工事が完成し、駅舎・ホームが篠ノ井線側に移転。松本・長野方面は中央西線の名古屋方面からのスイッチバックが解消、スルー運転となる。旧本線（中央西線部分）は連絡線として活かされ、構内はデルタ線を形成。旧駅の発着線跡も通称〝塩尻大門〟として残り、貨物列車などの待避線として利用されている。

「しなの」は10往復に、381系は神領電車区へ転属

昭和57年（1982）11月15日の上越新幹線開業に伴う白紙ダイヤ改正では、急行「きそ」1往復と、大糸線直通の急行「つがいけ」（名古屋－南小谷(みなみおたり)、信濃大町－南小谷間普通）も特急に昇格。「つがいけ」は運転区間を名古屋－白馬間に変更し、列車名は「しなの」に統合された。同改正でも「しなの」は増発の格好だが、名古屋－長野間の1往復を減らして白馬系統に変更。特急格上げは2往復だが、事実上は1往復の増発にとどまり合計10往復となる。しかし、うち１往復は季節列車化し、車両増備は行わずに列車体系の変更で必要本数を確保するなど、国鉄末期の厳しい事状が浮き彫りになった。ちなみに名古屋発は00分を継承。午前中は７〜11時台まで１時間ごと、うち９時発は白馬行き、その他は長野行き。午後は13〜19時台まで２時間ごとで、14時台に季節列車が１本加わる。

なお、先の塩尻駅の構内改良に伴うスイッチバックの解消で、同駅の停車時分短縮が同改正で反映。名長間は「しなの」で最速３時間11分に短縮。また、それに関連するスルー運転で、中央西線の特急・急行の号車番号順序が逆転。編成の名古屋方が１号車に改められ、「しなの」は長野行きの場合、９号車の普通車指定席が先頭車に変わった。

一方、上越新幹線の開業で特急「とき」の運用から外れた１８３系１０００番代は、84両が新潟運転所上沼垂支所（現＝ＪＲ東日本新潟車両センター）から長野運転所に転属。玉突きで３８１系が車両収容能力に余裕がある神領電車区に転属、名古屋鉄道管理局にも初めて特急形電車が配置されたのである。このほか、気動車急行「赤倉」は同改正で悲願の電車化が実現。だが、急行列車の見直しで中央西線の昼行急行は、下りは早朝に中津川始発でローカルタイプの「きそ」と名古屋発「赤倉」の各１本、上りは新潟発の「赤倉」１本のみに整理された。また、夜行急行「きそ」２往復は電車使用の１往復を廃止。残る

1往復も寝台車の連結を下りは11月10日・上りは11日に中止、客車は旧型から12系に交代した。

急行「きそ」を季節列車化、のち廃止

特急「しなの」登場後はその脇役を担ってきた急行「きそ」も、「しなの」への特急格上げと統合が続き、晩年は伝統の夜行1往復と下り中津川始発1本のみとなる。そうした中で昭和60年（1985）3月14日改正では、中津川始発の下り1本は普通列車に格下げ、夜行1往復は季節列車化し、大阪発着の夜行急行「ちくま」の定期列車を名古屋駅に営業停車させた。

10系寝台車と旧型客車で編成されていた夜行急行「きそ6・7号」。昭和57・11・15改正で寝台車を外し客車は12系化。EF64形が牽引する上り6号。勝川―新守山間。昭和57年6月21日

一方、名古屋―新潟間の長距離急行「赤倉」を見直し、運転区間を松本―新潟間に短縮。松本―長野間は普通列車に格下げ、長野―新潟間のみ急行「南越後」として存続させた。なお、「赤倉」の名称はしばらく波動用臨時列車（名古屋―妙高高原間）に使用された。

国鉄最後のダイヤ改正と民営化

昭和61年（１９８６）11月１日、民営化移行への国鉄最後のダイヤ改正が実施された。中央西線の優等列車は、夜行急行「ちくま」の寝台車が20系から14系に交代。同「きそ」は廃止されたが、その名称は波動輸送の臨時列車用に残された。特急「しなの」は10往復（長野系統９往復〈うち１往復不定期〉・白馬系統１往復）を守ったが、同改正では季節波動で妙高高原まで延長していた臨時１往復が季節列車として独立した。

ところで、ライバルの中央自動車道は、昭和57年11月10日に全線開通。暫定２車線だった恵那山トンネルは昭和60年３月27日に４車線化が成り、翌61年３月25日には岡谷ＪＣＴ—岡谷ＩＣ間の〃支線〃（のちの長野自動車道の一部）も開通。中津川以北は飯田線沿線の伊那谷を通るものの、クルマとの競争が本格化し、民営化移行の新ダイヤは、厳しい台所事情の中での苦肉の策でもあったようだ。そして、昭和62年４月１日に新生ＪＲが発足。中央西線はＪＲ東海、中央東線はＪＲ東日本が承継。塩尻駅はＪＲ東日本に帰属した。

特急「しなの」を16往復に増発、グリーン車には「パノラマ車」も登場！

ＪＲ東海は特急「しなの」の活性化を図るため、昭和63年（１９８８）３月13日改正で、編成は9両から6両に短縮したものの、運行本数を10往復から最大16往復に増強。うち4往復には、4月末までに長野方先頭車のグリーン車に「パノラマ車」を連結した。

内容は長野系統を4往復増発、季節列車として松本止まりを2往復加えたものの、白馬系統は季節列車に降格させたため、定期13往復（うち2往復は試行）・季節3往復の合計16往復となる。名古屋発下りは7時～19時台まで1時間ごと、毎時00分に定期の長野行きが発車するが、14時と16時発は試行列車とし、時刻表には「運転日注意、当分の間毎日運転」と記載された。観光シーズンの多客期には8時台に白馬行き、9・10時台に松本行きの季節列車が加わる。なお、同改正で名古屋─長野間は最速3時間2分に短縮した。

一方、神領電車区の381系は9両編成（6M3T）9本と7両編成（4M3T）1本を、基本6両編成（4M2T）14本と付属4両編成1本（2M2T）に組み替えた。グリーン車のサロ381形（Ts）は10両全車を先頭車（Tsc）に改造。うち7両は前面貫通型のクロ381形0番代（サロ381形8・9・5・3・1・2・4→1～7）。残り3両はパノラマ型のクロ381形10番代（サロ381形6・7・20→11～13）とした。しかし、グリーン車は5両不足するため既存のクハ381形（Tc）を格上げ（Tsc）改造し、クロ381形50番代（クハ381形7・13・11・17・5→51～55）も誕生した。

先頭車化改造はブロック工法を採用。先に新造した運転台ユニットを改造種車の車販準備室などをカットして接合。０番代は種車と同じアルミ製で、前面は〃電気釜〃みたいな貫通型だが、貫通扉は簡易タイプの片開き式となる。パノラマ型の10番代は踏切障害の安全を考慮し鋼鉄製としたが、ワイドな後退角の運転台とそれに続く展望室、タマゴ型でアルミ製の車体断面との接合は、異種金属でもありボルト結合方式で施工された。同工事に関連し編成全体の車内アコモも順次改装され、グリーン車は座席のバケットシート化、床にはタイルカーペットを敷き詰めるなどしてよりグレードアップ。普通車も座席テーブルが付いたフリーストップ式のリクライニングシートに交換された。

パノラマ車の展望室は、定員12名の独立したスペースで禁煙席とし、２&２のフリーストップ式リクライニングシートを３列配し、座席床面は通路床面より15㎝かさ上げしたハイデッカータイプ。運転室と展望室は分離したものの、仕切りにワイドな透明ガラスを使用したため前面展望は抜群。それまでの国鉄型車両にはない迫力を目玉とした。

〃6両しなの〃は長野方先頭車がグリーン車となり、ダイヤ改正より少し早い３月６日から順次運用を開始。パノラマ車を連結した３本はＰ編成として限定運用を組み、同年３月13日から季節列車の白馬系統１往復で運用を開始した。当初、予備車は０番代車としたが、

4月末までに長野系統3往復にもパノラマ車を投入。また、クロ381形0番代と同50番代連結はD編成とし、6両タイプ11本は共通運用、4両タイプ1本は増結用となる。

そのため繁忙期のピーク時は、予備車16両と交検編成を効率的に運用。D編成の6両タイプの一部を3両ずつに分割し、D編成の6両または4両タイプの前後に増結した9連・7連が出現。その編成は、①基本6両（ロザ〈グリーン車〉長野方）＋増結3両、②増結3両（ロザ長野方）＋基本6両（ロザ長野方）、③付属4両（ロザ長野方）＋増結3両、④増結3両（ロザ長野方）＋付属4両（ロザ長野方）などで、このうち①と③は基本編成の名古屋方先頭車（Tc'）と増結車の長野方（M）の連結部が幌で貫通することは少なかった。また、年末・年始や旧盆および集約期の大口団体輸送は定期列車に増結されることが多く、D編成の6両＋4両の10連、同6両＋6両の12連も走っている。

ところで、気になる高速道路だが、長野自動車道の岡谷JCT―松本IC間が昭和63年（1988）3月5日に開通、既設の岡谷JCT―岡谷IC間は長野自動車道に編入された。これで名古屋ICまたは一宮IC―松本IC間は中央自動車道経由の高速道路で直結。同年8月には松本IC―豊科IC（現＝安曇野IC）間の延長も予定され、クルマは新生JRにとって手ごわいライバルになる。また、平成5年春に豊科IC―更埴JCT間も延長されると上信越道と接続。名古屋―長野間は高速道路を走れば約４時間で結ばれ、クルマとの競争は激化する。その対抗策が短編成、高頻度運転による利便性の向上だった。

なお、平成５年３月18日改正から特急「しなの」の号車番号順序が再度逆転し、昭和57年11月改正以前と同様、長野方先頭車が１号車に変わった。

サロ381形の8・9を改造したクロ381形の1・2は国鉄最後の日に名古屋工場を出場した。昭和62年3月31日

クロ381形が貫通扉に幌をつけた顔はユニークだった。下り「しなの」6連。美乃坂本―中津川間。平成10年2月18日

「しなの」の基本編成は6両に短縮。うちP編成3本の長野方先頭車のグリーン車はパノラマ車を連結。付属D編成4両タイプを増結した10連。大曽根―新守山間。昭和63年5月3日

コラム　パノラマ型グリーン車は「パノラマ車」としてPR

前面展望サービスは地元名古屋の名鉄がご本家。でも、大都市近郊の郊外電車のため、運行距離は長くても約100㎞、乗車時間が短いのが玉に瑕だ。そうした情況下なので「しなの」のグリーン車のパノラマ車は、前方注視の旅を存分に楽しむにはぴったりの列車だ。ふつうの人は〝JRのパノラマカー〟と呼び、当時のメディアも〝パノラマカー〟と紹介する社がいくつかあった。

しかし、JR東海は「パノラマ車」を強調。昭和63年（1988）春の「63・3」改正時に季節列車の白馬行きで挙行されたセレモニーでも、ホームの祝賀看板には「しなの号　パノラマ車　出発式」と記載。これは先駆者の名鉄を立てる気持ちの表れだったかも……。ちなみに、当時「パノラマカー」は一般的な呼び名で、名鉄が第39類＝輸送でパノラマカーの登録商標を受けたのは、何と平成19年5月18日のことだった。

なお、JR東海にその後登場した特急形車両は、前面展望タイプを含め、側窓も大きな「ワイドビュー」シリーズとして新造。そのトップのキハ85系「ワイドビューひだ」は、平成6年10月31日に第39類＝輸送で特許庁に商標登録されている。

しなの号 パノラマ車 出発式。名古屋。昭和63年3月13日

３８１系で新機構装置の長期耐久試験を開始

振子電車の後継ぎ車の開発に意欲的だったＪＲ東海は、平成3年に新しいシングルアームパンタグラフと操舵台車（輪軸の方向を変えることによりカーブを円滑に走行可能にした台車）を開発。３８１系のＭ車に供試し、翌４年６月中の延べ13日間、中央西線の名古屋―春日井間などで時速１３０㎞運転の走行試験を実施した。

シングルアームパンタグラフは、フランスのＴＧＶのものに類似した「く」の字型で形式はＣ―ＰＳ９２０、重量は約１２５㎏と在来型の半分で軽量。操舵台車の形式はＣ―ＤＴ９５５、前後２本の車軸を真上から見ると「ハ」の字型や「逆ハ」の字型になるなど、線路のカーブの度合いに合わせて動く仕組み。これにより車輪と線路との接触状態が良くなり、摩擦も軽減されるためカーブでの速度向上も可能になった。

これらの装置は営業列車で長期耐久試験を実施する

新開発のシングルアームパンタと操舵台車は381系のM車で長期耐久試験を実施（モハ380-58）。名古屋駅。平成3年12月21日

ため、381系P編成MM'ユニットM車の長野方にシングルアームパンタグラフを、操舵台車は同M車に履かせ、平成3年12月12日に名古屋工場を出場。同14日から営業運転に就いた。なお、該当M車の名古屋方には予備機として在来のパンタグラフも装備していた。以上のデータは開発中の新型振子電車に反映させるため、鋭意研究が続けられたのである。

新型振子電車383系が登場

平成6年8月、新しい振子電車383系の量産先行車6両編成1本が落成した。老朽化した381系の置き換え用で、コンピューターにより曲線通過時の車体傾斜を制御する制御付き自然振子装置を採用。最高速度は時速130km、曲線通過速度は半径600m以上だと最大で本則+時速35km。VVVFインバータ制御で、制動装置は回生・発電ブレーキ併用の電気指令式、集電装置はシングルアームパンタグラフC－PS27形。台車は先の381系P編成で実施した長期耐久試験で得た成果を反映させた自己操舵台車を採用、枕バネに空気バネを使用したボルスタレス方式で、電動車（Mc・M）はC－DT61形、付随車（Tsc・T）はC－TR245形を履いている。

車体は軽量ステンレス製だが、先頭車は運転台を含む前頭部のみ普通鋼製とした。1M

新型振子電車383系。神領電車区。平成6年8月22日

方式を採用し編成中、電動車と付随車の割合は同数になり、電動車は必ず名古屋方に連結。長野方の先頭車はクロ381形10番代がモデルの展望型グリーン車で、クロ383形0番代。名古屋方は普通車で貫通型のクモハ383形0番代、同車は内蔵する貫通扉と幌を窓付きのスイング式2枚扉で覆われ、デコボコはない。

基本編成は6両で、長野方から①クロ383形0番代（Tsc1・非貫通ワイドビュー展望型グリーン車）＋②モハ383形0番代（M1・車椅子対応）＋③サハ383形0番代（T1）＋④モハ383形100番代（M2）＋⑤サハ383形100番代（T2）＋⑥クモハ383形0番代（Mc・貫通型）。客用側扉は

①③④が片側1カ所、②⑤⑥が同2カ所。同編成各車の車号はトップナンバーの1か101である。

量産先行車は約半年間の性能確認試験ののち、平成7年のGWから臨時「しなの」で暫定営業を開始。当初は4月29日〜5月7日に名古屋—木曽福島間で運転した「しなの」91・92号で足慣らしをしている。ダイヤは下り91号・名古屋発8時09分↓木曽福島着9時47分、上り92号・木曽福島発15時10分↓名古屋着16時44分。

長野方先頭車で展望型のクロ383形0番代は全室式グリーン車。その車内

名古屋方先頭車のクモハ383形0番代は貫通型だが、貫通扉と幌はスイング式2枚扉で覆われている

コラム　木曽路の“ブルートレイン”急行「ちくま」

“木曽路の華”はエル特急「しなの」だが、夜の部のスターは大阪―長野間をロングランする伝統夜行の急行「ちくま」だった。

昭和53年（１９７８）10月２日改正で定期夜行１往復を気動車から客車列車に変更。当時は20系Ｂ寝台車（３段ハネ）＋12系座席車で、昭和61年（１９８６）11月１日改正でＢ寝台車を14系（同）に変更。平成６年12月３日改正では14系15形Ｂ寝台車（２段ハネ）＋リクライニングシート装備の12系３０００番代に置き換え、編成のグレードアップも実現。客車には14系・12系ともトレインマークを掲出し、木曽路の“ブルートレイン”的感覚だった。

当時は名古屋始発の夜行急行「きそ」があるので、「ちくま」は名古屋駅が通過扱い（運転停車はした）となる期間もあったが、昭和60年（１９８５）３月14日改正で「きそ」が季節列車化され、その代償として「ちくま」の定期夜行が同駅に営業停車するようになった。なお、「きそ」は翌61年11月１日改正で廃止されている。

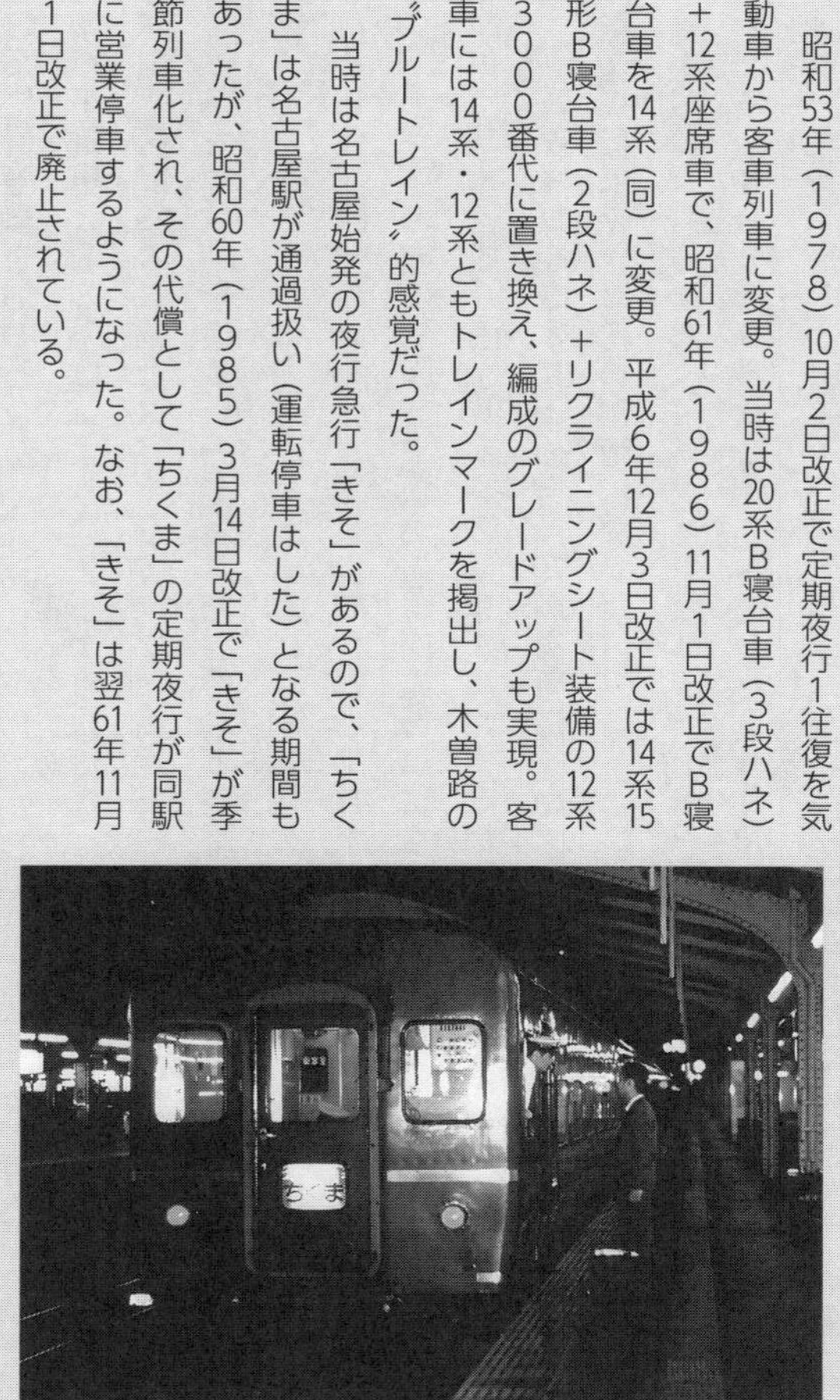

14系15形寝台車にトレインマークを掲出し木曽路の“ブルートレイン”感覚の「ちくま」。名古屋。平成9年8月16日

３８３系に量産車も加わる

新型振子電車３８３系は「より速く、より快適に、より使いやすく」が設計のコンセプトだ。山岳区間での大幅なスピードアップ、高速での曲線通過時の乗り心地改善など、先輩３８１系での教訓を活かし開発された。そして、平成８年６月から量産車も順次落成したが、さらに乗り心地改善のため、台車は車両端側の支持剛性を柔らかく固定し、可変機構をなくした新開発の柔剛軸バネ式操舵台車C－DT61Aに変更。また、低騒音化対策や回生ブレーキ率の向上も図る。なお、量産先行車にもこの改造が施工された。

量産車は基本編成６両を８本（２－９）48両。ほかに付属編成として４両タイプを３本12両、２両タイプを５本10両の合計70両を新造。いずれも神領電車区に配置され、３８３系は量産先行車を含め総勢76両になった。

付属編成は長野方から、４両タイプが①クロ３８３形１００番代（Tsc2・貫通型グリーン車）＋②モハ３８３形０番代（M1）＋③サハ３８３形１００番代（T2）＋④クモハ３８３形０番代（Mc）、２両タイプが⑤クハ３８３形０番代（Tc）＋⑥クモハ３８３形０番代（Mc）。①はグリーン車だが貫通型で、前面マスクは④⑤⑥とも同じ。客用側扉は①が片側１カ所、その他は同２カ所である。

383系は基本6両編成がA1～9、付属4両編成がA101～103、付属2両編成がA201～205で構成。これらを組み合わせ6連、4連、8連、10連で運用し、各編成の走行距離均衡化のため、基本6両を付属4両＋付属2両の6連で代走することもある。

「(ワイドビュー) しなの」発車

JR東海は平成8年12月1日、中央西線・篠ノ井線の特急「しなの」に新型振子電車383系が正式運用に就くダイヤ改正を実施した。名古屋―長野間の定期列車13往復と名古屋―松本間の季節列車1往復に投入されたが、先輩381系も季節列車に使用するため、383系の運用は時刻表に「ワイドビュー」の冠称を付与して識別した。

383系の場合、名古屋―中津川間の最高速度を時速120kmから130kmに、曲線通過速度も各区間でアップ（最大で本則＋最大35km）。下りだと名古屋―長野間は最速2時間43分（表定時速92・3km）、松本までは初めて1時間台の1時間56分。該当列車は名古屋発17時10分の「(ワイドビュー) しなの」27号で、千種(ちくさ)・多治見を通過する速達タイプの復活で実現した。

また、東海道新幹線との接続改善のため、名古屋発下り長野行き定期列車の時刻が変更され、7時台は15分発、8～19時台までは毎時10分発となる。季節列車は8時35分発の白馬行き（※）、9時35分（※）・10時35分発の松本行きが加わる。季節列車の※印は381系の運用だが、原則としてグリーン車がパノラマ車のP編成を使用した。

基本編成6両に付属編成2両を増結して8連で走る「(ワイドビュー) しなの」。美乃坂本—中津川間。平成10年2月18日

新型特急「ワイドビューしなの」デビュー。平成8年12月にJR東海が配布したポケット時刻表'97新春号の表紙

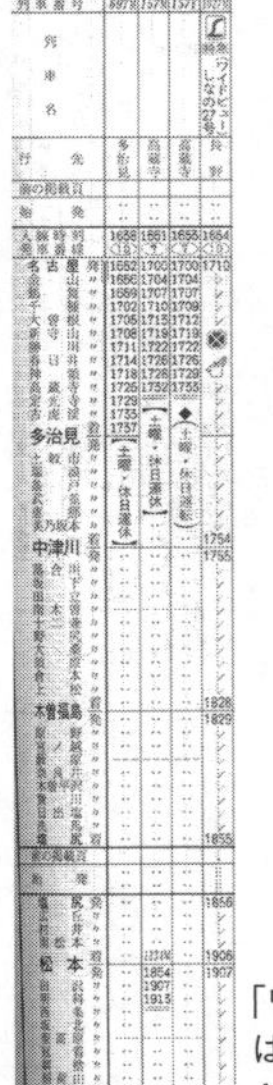
「ワイドビューしなの27号」は名古屋—長野間2時間43分で疾駆。『JR時刻表』平成9年1月号(弘済出版社刊)

「(ワイドビュー)しなの」の名古屋発が再び毎時00分、３８３系は「ちくま」にも投入

ＪＲ東日本は平成９年10月１日、長野オリンピックの開幕を４カ月後に控え、その輸送も踏まえたダイヤ改正を実施した。北陸新幹線の高崎―長野間が〝長野新幹線〟として先行開業。長野で連絡する在来線は、信越本線の軽井沢―篠ノ井間が第三セクター・しなの鉄道に転換されるなど、長野地区を中心に大きく変わった。この時、篠ノ井線もダイヤが変わり、「(ワイドビュー)しなの」の名古屋発下り長野行きの時刻も変更。定期列車は７時台が10分発、８～19時台は毎時00分のジャスト発車に戻された。また、名長間２時間43分運転の速達タイプは13時発の27号に変更。このほか、８～10時台に毎時１本設定の季節列車も同30分発とし、覚えやすいダイヤで「エル特急」を強調した。

383系を投入し電車化された急行「ちくま」、“大阪しなの”と共通運用になる。名古屋。平成9年12月31日

一方、平成９年10月１日改正では、大阪発着の急行「ちくま」が客車から電車に置き換えられ３８３系を投入、〝大阪しなの〟と共通運用になった。

ありがとう元祖振子電車381系

ベテラン381系は平成8年12月1日改正で定期運用を離脱。神領電車区の88両は、クハ381形格上げのグリーン車クロ381形50番代は5両全車が、その他は車検期限が近い車両を中心に43両（クロ381形1両、モハ380形18両・モハ381形18両、クハ381形6両）の合計48両を廃車。40両が波動用として残った。

波動用は組成変更を実施。①パノラマ車クロ381形10番代を含む6両編成2本、②同4両編成1本、③前面貫通型のクロ381形を含む6両編成1本、④同4両編成4本。ほかに予備車でクロ381形1両とクハ381形1両がいた。

これらは平成9年10月1日改正以降、①をメインに特急「しなの」の季節列車（白馬・松本系統）や団体列車に活躍、③は主に①の予備車とした。②は特急「伊那路」の臨時列車で飯田線に入り、定期の373系とも共演。また、③と④は長野オリンピック輸送の臨時列車としても大活躍した。

381系は長野オリンピック輸送が最後の晴れ舞台となり、平成10年春以降は廃車が加速、同13年春にはパノラマ車を含む①の6両編成2本のみとなる。そして、うち1本は平成18年9月に廃車。最後の同1本（クロ381―13、モハ381―56・58、モハ380―

56・58、クハ３８１－１２１）も同20年５月上旬に運用を離脱、５月７日に浜松工場へ廃車回送され、５月９～12日に車籍が消えた。これでＪＲ東海の３８１系はすべて過去帳入りしたのである。ちなみに、「しなの」の季節列車は３８３系の４両編成（グリーン車付きの付属編成）などに交代した。

飯田線の臨時「伊那路」にも活躍した381系パノラマ車を含む4連。長山。平成9年5月5日

パノラマ型グリーン車連結のP編成が修学旅行臨で関西本線の桑名まで運行、381系の同線入線は初。蟹江―永和間。平成11年2月12日

コラム　381系の珍編成も走った長野オリンピック輸送

平成10年2月7～22日まで長野県長野市周辺を会場に、「長野オリンピック」こと第18回オリンピック冬季競技大会が開催された。20世紀最後の冬季オリンピックでもあり人気は上々。JRは期間中、臨時列車を大増発したが、宿泊施設の不足が予想されたことから珍編成の夜行列車も走り、鉄道ファンの注目を浴びた。

JR東海は神領電車区の波動用381系を使用。名古屋―長野間には①381系4両＋4両の同系初の珍編成8連を投入し、下りは昼行特急「しなの」71号～上りは夜行急行「きそ」。名古屋―妙高高原（長野経由）間には下り夜行～上り昼行で急行「妙高・赤倉」を。名古屋―白馬間（松本経由）には②381系6連で下りは夜行急行「つがいけ」～上りは昼行特急「しなの」72号を運転。いずれも運用の都合で前面ヘッドマーク（HM）は「臨時」としたが、①は「臨時」の文字にイラストが入る特製

臨時特急「しなの71号」は381系4両＋4両の8連で運行し貴重な記録となる。高蔵寺―定光寺間。平成10年2月18日

シールを用意、②は電動幕を「臨時」に固定して使用。このほか、名古屋―松本間には昼行急行「安曇野」を神領区の165系9連（3両×3本）で運転したが、こちらは往年の電車急行を彷彿させる前面HM、側面種別・行先サボを掲出した。これらの臨時急行は、かつて中央西線で走っていた急行の愛称を復活させたのが目玉でもあった。

このほか、JR西日本は京都総合運転所（現＝吹田総合車両所京都支所）の583系7両と485系7両を混結した14連で、急行「妙高・志賀3・2号」を姫路―長野間に往復とも夜行で運転。北陸本線は直江津経由の北廻りで長野入りするもので、同名のシュプール号を踏襲した列車でもあった。両系間は幌で貫通、583系はグリーン車1両を除き寝台車として扱った。

急行「安曇野」は165系3両×3の9連、特製HMを掲出し往年の電車急行を再現した。美乃坂本―中津川間。平成10年2月16日

国鉄カラーのキハ181系と381系は「リニア・鉄道館」で保存・展示中！

四国入りしたキハ181系の〝名古屋組〟は、民営化後もJR四国の両特急などに平成5年3月18日改正前まで活躍。定期運用離脱後は順次廃車となったが、先頭車でトップナンバーのキハ181―1、中間車で同キハ180―1の2両は翌6年2月、保存を前提にJR東海へ譲渡された。

このうちキハ181―1は、国鉄特急カラーに塗替え整備し、飯田線は中部天竜駅に隣接の「佐久間レールパーク」（平成3年4月21日開園）に屋外展示し、キハ180―1は美濃太田運輸区（↓美濃太田車両区）でシートを被せJR四国カラーのまま保管された。しかし、「佐久間レールパーク」は平成21年11月1日をもって閉園したため、キハ181―1は、同23年3月14日に名古屋市港区に開設された「リニア・鉄道館」（あおなみ線・金城ふ頭駅前）へ移設し屋内展示中。だが、キハ180―1は同館入りの選考から外れ、平成25年3月に名古屋工場へ陸送し解体されてしまった。

一方、JR東海が承継した381系は、全車88両が最後まで国鉄特急カラーで活躍。このうち元祖振子電車のトップナンバー、クハ381―1（平成10年12月14日廃車）、モハ380―1（同12月7日）、モハ381―1（同12月7日）とパノラマ型グリーン車のクロ３８１―11（翌11年12月7日）の４両は廃車後、保存を前提に美濃太田運輸区に保管されていた。しかし、先頭車のクハ３８１―１とクロ３８１―11のみが内外を整備。この２両は現在、先輩キハ１８１―１とともに同館で保存・展示されている。

クハ381-1、キハ181-1は新幹線0系などとともにリニア・鉄道館に保存展示中

パノラマ車のクロ381-11も保存展示中

中央西線優等列車のその後

新型振子電車３８３系は中央西線～篠ノ井線の優等列車のシンボルにもなった。しかし、高速道路の整備で割安な高速バスやマイカーとの競争が続く。そうした中で、大阪－長野間の夜行急行「ちくま」が平成15年10月１日改正で季節列車化され、車両を波動用でパノラマ車連結の３８１系６両編成（Ｐ編成Ｂ）に変更。大阪方先頭車のクハ３８１形にはヘッドマーク（ＨＭ）も用意された。しかし、その後も利用客は横ばいのため、平成17年10月７日の大阪発下りを最後に運転を終了した。

急行「ちくま」は季節列車に降格し381系P編成化されたのち廃止。クハ381形のみHMを掲出していた。名古屋。平成15年12月28日

平成21年３月14日改正では、下りのみ１本あった千種・多治見通過の〝速達しなの〟が両駅に停車。速達運転の中止で名古屋－長野間は最速２時間53分に延びたが、地域への利便性はアップした。これもクルマ対策の一つと考えられよう。また、「しなの」の車内販売も、平成24年３月17日から営業区間を名古屋－塩尻

東海道本線西部の難所、関ケ原へ至る勾配緩和の迂回線（東海道下り本線）を走る“大阪しなの”383系10連。南荒尾（信）―関ケ原間。平成28年2月25日

「特急 しなの 大阪」の電動方向幕。平成28年2月22日

間に短縮、翌25年3月16日には全区間で廃止された。

大阪発着の「しなの」は、新大阪－名古屋間で利用客の多くが東海道新幹線にシフト。観光シーズンでも高速バスの攻勢で直通運転の効果が薄れ、平成28年3月26日改正で大阪乗り入れを中止し、全列車が名古屋発着になった。

一方、明るい話題としては平成29年夏、信州デスティネーションキャンペーンで、臨時列車ながら中央東線～中央西線の直通運転が復活。ＪＲ東日本は189系6連による臨時特急「木曽あずさ号」を新宿－南木曽間（辰野経由）に設定。南木曽行きは7月1日・8月26日・9月9日、新宿行きはその翌日に各日1本運転。南木曽以南は停泊先の神領車両区まで回送し、車両は名古屋の手前までロングランしている。ＪＲ東海も383系6連（付属編成・貫通型グリーン車

連結の4両＋2両）による「諏訪しなの」を、名古屋―茅野間に7月8・9日、9月23・24日に1往復運転。383系が諏訪湖湖畔を走る光景は注目を浴びた。

JR東日本の特急「木曽あずさ号」は旧あずさ色の189系6連を使用、種別・方向幕は特製シールで対応。南木曽ではJR東海の383系「しなの」との顔合わせも。平成29年7月2日

JR東海は「諏訪しなの」を名古屋から中央東線の茅野まで直通。諏訪湖をバックに走る同列車383系6連。上諏訪―下諏訪間。平成29年7月8日

写真コラム　特急「しなの」名場面

東海道本線ではトラブルがなかったキハ181系「しなの」
木曽路の山岳区間では時々オーバーヒートのトラブルを起こしたキハ181系だが、大阪まで乗り入れる運用が1往復あった。もちろん東海道本線も高速で飛ばしたが、西の難所“関ヶ原越え”でのトラブルは一度もなく、勾配緩和の“迂回線”もあり、自慢のハイパワーでスイスイ登坂したとか。雪化粧した伊吹山をバックに快走する長野行き4013D。東海道本線 近江長岡―柏原間。昭和50年1月15日

堂々12連で走る381系「しなの」
昭和63年3月13日改正で「しなの」は最大16往復に増発されたが、基本編成は9両から6両に短縮。しかし、繁忙期の輸送力列車などは色々な組み合わせで増結を実施。そのハイライトは基本編成を2本連結した12連。定期列車では旧盆や年末年始などに実施し、381系時代の貴重なメモリアルでもある。運転士は12連だとホームいっぱいでブレーキ操作に気を遣ったとか。釜戸―瑞浪間を走る上り「しなの」381系12連（6両+6両）。平成6年8月15日　写真:加藤弘行（2枚共）

コラム　木曽路を走った371系　急行「中山道トレイン」

371系は御殿場線の特急用として平成3年に新造された。東海道・山陽新幹線の2階建てグリーン車を連結していた100系がモデルで、窓がワイドな2階建てグリーン車も連結、青と白の新幹線カラーをまとい、これぞ〝在来線の新幹線〟のような趣だった。当時は沼津から新松田経由で小田急に乗り入れ、新宿を結ぶ直通特急「あさぎり」として活躍。その逆コースの小田急20000形RSE車との共演は記憶に新しい。

しかし、平成24年3月17日改正で「あさぎり」（現＝「ふじさん」）の運用が見直され、運転区間を新宿―御殿場間に短縮。車両も小田急60000形MSE車と交代し、JRへは小田急の片乗り入れとなる。この時、JR371系と小田急20000形は運用を離脱した。

奈良井宿をバックに木曽路を走る371系「中山道トレイン」。奈良井―藪原間。平成25年11月2日

３７１系はその後、波動用として静岡車両区に待機し、主に静岡地区の臨時列車に活躍。同系はそれまで、ＪＲ東海の車両ながらも中央西線とは縁のない車両だったが、平成25・26年の秋は、同線の臨時急行「中山道トレイン」として名古屋─奈良井間を1往復運行。先頭車は運転台越しながらも前面展望が楽しめるパノラマ展望車で迫力満点、ハイアングルの2階建てグリーン車から眺める木曽路の美景も素晴らしく、この夢電車でのクルージングは、地元テレビ局各社も競って同乗ルポを放映、その効果もあり各運転日は満員御礼だった。

紅葉の木曽路と〝在来線の新幹線〟とのツーショット、〝木曽路の華〟３８３系「（ワイドビュー）しなの」との共演など、このシーンは中央西線の貴重なメモリアルとなったのである。

383系「（ワイドビュー）しなの」と371系「中山道トレイン」の交換シーンも見られた。大桑。平成26年11月8日

名車追想の旅

木曽路を駆ける381系〃パノラマしなの〃

国鉄民営化後、JR旅客鉄道各社はそれまで運転士の聖域だった運転室と客室との壁を〃透明化〃する動きを加速。それは優等列車から通勤電車まで可能な限り波及し、この〃開放〃は民営化の目玉となっていく。

そうした中でJR東海は〃木曽路の華〃エル特急「しなの」のグリーン車にそれを導入。ワルツを踊る振子電車に展望車の「パノラマ車」を加えたのである。昭和63年（1988）3月18日改正で登場した〃パノラマしなの〃は、急カーブでも高速で飛ばし車体が傾斜する様子を、展望室で目と体で体感できるスリリングな列車。その粋なアイデアは、元祖「パノラマカー」の名鉄特急とは

前方が見渡せるパノラマ車では車体の傾き具合が目と体で体感できる。これぞ“パノラマしなの”ならではの醍醐味。十二兼―野尻間。昭和63年6月7日

一味違う〝異次元の展望〟として好評を博した。

●展望室のリザーブは禁煙席をリクエストする

昭和63年（1988）初夏の平日、松本出張で〝パノラマしなの〟に乗ってみた。名古屋発の「しなの」でパノラマ車を連結しているのは、長野行きだと9時発の7号、12時発の17号、17時発の27号の3本。観光シーズンの土・休日と特定日は8時25分発の白馬行きもそれに加わる。時刻表には「グリーン車はパノラマ車」と特記されており、運用は一目瞭然だ。長野行きだと先頭の6号車がパノラマ車だった。

ところで、同列車のグリーン車の定員は44名。座席は2&2配置で禁煙席が3列の12名、喫煙席は8列の32名、デッキを境に両客室が分かれている。当時はグリーン車でも喫煙席の割合が高く、窓口に何も告げなければマルスは自動的に喫煙席を探した。〝パノラマしなの〟の場合、完全分煙できる展望室を禁煙席に充て、通常のグリーン料金を適用しての〝大盤振る舞い〟だ。でも、定員12名のため指定券のリザーブは狭き門。そこで1カ月前の発売日に早起きして「みどりの窓口」に並び、禁煙席最前部通路側をリクエスト。結果は「6号車1C席」、つまり運転室助士席側後部の〝特等席〟を確保することができた。

●名鉄5700系に似ている「しなの」のパノラマ車

名古屋9時発の「しなの7号」1007Mは、長野まで3時間2分で飛ばす当時の最速列車だ。6両編成で、先頭の6号車がグリーン車指定席、続いて5・4・3号車が普通車指定席、2・1号車が同自由席である。発車前に各号車をのぞいてみると、同列車は平日だと信州方面へのビジネス特急の性格が濃く、普通車指定席は7割程の入り。自由席も区間利用客が多くて混雑。グリーン車も喫煙席は約半分、禁煙席の展望室は最前部の4席と2列目の3席が埋まり、パノラマ車の人気はまずまずのようだ。

定時発車、♪『鉄道唱歌』のチャイムが流れ、肉声で停車駅と到着時刻の案内放送が流れる。「お待たせいたしました。特急しなの7号、長野行きです。停車駅は千種、多治見、中津川、木曽福島、塩尻、松本、聖高原と終着の長野です。……中略……、しなの号はカーブに強い振子電車を使用しております。そのため、カーブでもスピードが落ちず、若干の横揺れがございます。網棚のお荷物が落ちないよう十分ご注意ください。また、ご気分が悪くなられましたら遠慮なく車掌までお申し出ください。担当車掌はJR東日本、長野車掌区の○○です」。1007Mの車掌は全区間JR東日本が受け持つ。車両はJR東海だが、塩尻―長野間はJR東日本の路線を走るため運転士は塩尻で交代。でも車掌は当時、JR

東海と東日本で分担し、通し乗務していた。電車はＪＲの意気込みを感じさせる改装車だが、車体塗色は黄色と赤の国鉄特急カラー、チャイムも国鉄時代からのタイプで、郷愁を感じながら、古くて新しい〝折衷しなの〟の旅が始まる。

名鉄5700系は平屋車体だが、前面運転台助士席側のフロントガラスを拡大、その背面の客室との仕切りガラスも拡大し、続く右側座席2つは親子3人づれでもゆったり掛けられるキングサイズの転換クロスシートを配置。運転室背面の仕切り壁上部にはデジタル式の速度計も付き、一見“セミパノラマカー”の趣。5700系の展望席からすれ違う同系を写す。平成26年5月23日

左手には〝昭和の名鉄城〟のごとく名鉄の各種ビル群が続き、地下から顔を出した名鉄電車との競演も楽しい。追い打ちをかけてきたのは新名古屋（現＝名鉄名古屋）を9時に出発した名古屋本線の豊橋行き高速９００列車、電車は５７００系（５３００系）の4両＋4両の8両編成だ。

「ＪＲのクロ３８１形10番代と名鉄５７００系の展望室は造りが似ていますね。ＪＲはグリーン車なのでデラックス、名鉄はふつうの電車なのでスタ

ンダードかな……」。隣の1D席に座るビジネスマン風の中年男性も鉄道ファンのようで、カメラを出してゴソゴソしている私を〝鉄〟と察し、同好者のよしみで声をかけくれた。

堀川橋梁の手前で名鉄名古屋本線下り急行7500系パノラマカーとすれ違うJR“パノラマしなの”。名古屋―金山間。平成15年元日

なるほど、どちらも運転台越しに前面展望が楽しめる平屋車体の展望車なのである。

名鉄5700系は国鉄民営化を意識し、昭和61年（1986）に名古屋本線の急行用として登場した平屋式展望車だ。対するJR東海の〝パノラマしなの〟は振子電車の構造上、カーブを高速で走るため重心を低くする必要があり、パノラマ車では運転台を客室より低くして前面展望も考慮。こうした制約と突貫工事もからみ、展望室は平凡な平屋タイプの鋼体を結合。偶然にも名鉄5700系みたいな造りになったようでもある。

「私も〝鉄〟でカメラ持参です。岡谷への日帰

り出張で、交通費は普通車で申請しました。塩尻までのグリーン料金は自前ですが、飲み代だと思えば安いものですよ」。グリーン料金が自前なのは私も同じ。この会話を機に意気投合してしまったが、まさに旅は道連れである。

堀川を渡る手前ではパノラマカー７５００系とすれ違い、総合駅化工事が進む金山を通過すると名鉄は離れ、高架に上がって直線を飛ばし、掘割へ下ると千種に停車。地下鉄東山線が連絡する名古屋市内東部への拠点で、乗降が多く展望室にも年配夫婦が加わった。

●中津川までは最高時速１２０㎞で疾駆！

掘割から再び高架に上がって大曽根を通過、左手に近づいた名鉄瀬戸線がノッポな高架で中央西線を乗り越えると、ナゴヤドームの屋根を後方に矢田川を渡る。スピードはグングン上がり、スグに時速１００㎞を超えた。

〝パノラマしなの〟は運転台越しに前面展望が楽しめるタイプで、仕切りガラス１枚を通して運転士のハンドル操作も見える。もちろん運転台の計器類も丸見えだが、仕切りガラスの上部中央にはデジタル式の速度計がついており、前方注視プラス実際の速度が認識でき、気分はまさに運転士である。このこだわりも名鉄５７００系と類似しているが、同系は運転台がかさ上げされ、その前面窓は小型。これに対し〝パノラマしなの〟は運転席が客室より低い位置にあり、フロントガラスは全体にワイドで、セミパノラマタイプながらも180度の視界を満喫できる。

「パノラマカーは名鉄で乗っていますが、JRは前方の景色のほか運転士さんの様子も見られるのがいいですね。運よく一番前がとれてラッキーです……」。最前列1A・B席の姉妹は、親類の結婚式で長野の実家に帰省するが、テレビのニュースを見てこの列車を選んだとか。

車窓は市街地から住宅街に変わる。線路は直線区間も多く、381系の最高速度は名古屋—中津川間だと時速120km、曲線通過の速度制限は「本則+時速20km」、半径800m以上のカーブなら直線と同じスピードで走ることも可能だ。

まもなく中央西線の電車基地、神領電車区が左手に現れ神領を通過。そして、左手の丘陵地に高蔵寺ニュータウンを眺めながら高蔵寺を通過すると平野は尽き、山間ムードが漂ってくる。小さなトンネルを2つ潜ると右手には土岐川が迫る。愛知・岐阜の県境を定光寺—古虎渓(ここけい)間の愛岐トンネル(2910m)で抜け、左手から単線・非電化の太多(たいた)線が近づいてくると東濃地方の陶都、多治見に到着する。時刻は9時24分着・発、停車時間は

愛知・岐阜の県境付近では土岐川の渓谷を遡るように走る。GWはP編成6両に付属D編成4両を増結し10連で走った「しなの7号」。古虎渓―多治見間。平成元年5月5日

わずか数十秒だ。

多治見から先は緩いカーブが増える。車窓は山間ムードがより濃くなるものの、土岐、瑞浪、恵那、中津川と中小都市が点在し、並行する国道19号沿いには郊外型店舗が出店してきた。ここはまだ名古屋都市圏の外縁部で、近郊電車の本数もそれなりにある。「しなの7号」は多治見―中津川間を無停車、ワルツを踊りながらカーブでも高速で飛ばすが、カーブが緩いので車体の傾き具合はまだおとなしい。

中津川は9時51分着・発、停車時間は同駅も数十秒だ。ちなみに名古屋―中津川間は79・9km、所要51分で表定速度は時速93・9km。快速電車だと所要1時間13分はかかり、「しなの」は速さが目玉の「特別急行」でもあろう。

●木曽路の厳しい線形に挑戦

中津川を出ると景色は一変、山また山の連続。急カーブが連続する木曽川沿いの険しい山の中を突っ走る。展望室からの眺めはとてもダイナミック。カーブの時機・瞬間が事前にキャッチでき、ワルツを踊る頻度も極端に増す。座っていれば揺れはあまり気にならないが、事前にその動作が察知できない車内巡回の車掌さんらは試練の乗務だろう。

左手に落合ダムが見えると落合川を通過。ここは美濃路の最東端で、旧中山道は中央西線と離れ、馬籠(まごめ)宿を通り妻籠(つまご)宿へと向かう。列車は坂下―田立間で岐阜と長野の県境を越え、妻籠宿観光の最寄り駅の南木曽を通過。ここは旧三留野(みどの)宿だが、木曽路とは馬籠宿から三留野宿〜福島宿などを経て、贄川(にえかわ)宿までの中山道22里をいう。「木曽路はすべて山の中」のごとく山はさらに深くなり、名古屋から複線で延びてきた線路も十二兼から先は単線。贄川までは、倉本―原野間と宮ノ越―奈良井間が複線のほかは単線である。

中津川からの〝山岳区間〟は、381系でも最高速度が時速110km、曲線通過速度は本則＋時速15kmの制限がかかる。でも、電車はカーブへもグイグイ突っ込む。この走り方はジェットコースターのようで、カーブにかかると車体がクネッと傾くことが実感できる。揺れは左右のほか、床が浮き沈みするような感覚も抱かせ、乗り物に弱い人には苦痛かも。〝振子しなの〟は昭和48年7月から営業運転を開始したが、当初は振子動作で列車に酔う人も多く、国鉄は台車の空気バネの弾力を調整するなどの改良を図ってきた。

野尻では運転停車し上り「しなの4号」と交換する

揺れが連続する中、車内販売がワゴンを押してやってきた。日本食堂名古屋営業所の若いオニイサンの一人乗務だ。喉が乾いたので一杯やりたかったが、振子電車でビールを飲んだら酔いが倍増しそうなので、ホットコーヒーを買った。でも、本音は午後から仕事なのでしぶしぶ我慢したのである。オニイサンに「電車酔いしませんか?」と尋ねたら、「鉄道が好きなので気になりません。」と笑顔で返答。雑談を続けると、実は大学生のアルバイトで大の鉄道ファン。「肉声で車内販売の案内放送を流せるのが魅力です」。彼には仕事の邪魔をしてしまった。野尻では運転停車し、上り「しなの4号」と交換。しばらくの小休止はありがたい。

「まもなく短いトンネルを抜けますと、進行方向左手に木曽の名勝・寝覚の床が見えてまいります」。倉本を出ると車掌さんの名ガイドが流れたが、１８０度の視界を確保している展望室なら、ふつうの車両とは異なり、頭を少しひねればその景色が眺められる。御嶽山の登山口の木曽福島には10時29分着。同駅も数十秒の停車で同分発車。駅前の線路脇には昭和48年の電化まで木曽路で健闘したＳＬ、Ｄ51 ７７５号機が静態保存されていた。

列車は分水嶺の鳥居峠を鳥居トンネル（２１５７ｍ）で抜け、厳しい地形を贄川へ駆け下りると木曽路ともお別れだ。贄川からは複線になり、日出塩を過ぎると視界が開けてきた。まもなく右手には旧塩尻駅跡へ至るデルタ線が分かれ、中央東線と合流すると塩尻に着く。時刻は10時59分、中央東線上りの接続は11時18分発の普通４３８Ｍ高尾行き。名古屋から〝鉄〟を共にしてきた隣席の紳士ともお別れだ。塩尻では運転士のみがＪＲ東海から東日本に交代し、１分停車で11時に発車。篠ノ井線に入ると松本平の複線区間を疾駆し11時09分、安曇野への玄関口で岳都・松本に到着。私も下車した。

山岳路線のスピードアップに成功した振子電車だが、揺れが旅客サービスの足かせとなったことは拭えない。そうした中で〝パノラマしなの〟は、揺れのスリルを逆手にとった楽しい車両で、一心不乱にその魅力を満喫すれば、列車酔いも解消できるかと思った。

第2章

飛騨路のクイーン「ひだ」

●運行開始＝昭和29年（1954）4月3日から不定期
昭和33年（1958）3月1日に定期列車化

●エル特急指定＝平成2年（1990）3月10日
解除＝平成30年（2018）3月17日

本格的な優等列車の登場は昭和30年代半ばだった

高山本線は東海道本線の岐阜と北陸本線の富山を結ぶ全長約226㎞の単線・非電化路線。美濃から飛驒を経て越中を結び、太平洋と日本海を結ぶ、さらには北陸本線の迂回ルートとして重責を担ってきた。沿線の宮峠が中部日本の分水嶺で、全線の多くを川沿いに走り、ロケーションの素晴らしさは天下一品。日本三名泉のひとつ下呂温泉、天領時代からの伝統が薫る城下町・高山など、一級の観光資源が点在する。高山本線には現在、JR東海ご自慢のワイドビュー車両、キハ85系による特急「(ワイドビュー)ひだ」が走り、名古屋では東海道新幹線、富山では北陸新幹線と連絡、沿線へのアクセスはとても便利だ。

しかし、かつては飛驒山地を走る典型的なローカル線で、本線とは名ばかり。戦後も長らくSL・C58形が数両の客車を牽引してガタゴト走り、岐阜から下呂へは最速約2時間半、高山は同約4時間、富山までは同約6時間も要していた。そのため、沿線には魅惑の観光地が控えるが、アクセスが不便で、訪れる客はそんなに多くはなかった。

そうした情況下で、飛驒の山あいの鉄道を活性化させたのが、昭和33年(1958)3月1日から定期運転を開始した名古屋始発の気動車準急「ひだ」だった。車両は昭和31年(1956)に登場し、「日光準急」で大好評を博した優等車両キハ55系で、高山本線は比較的勾配が緩いため、名古屋地区では同線に先行導入された。その成果は勾配路線の中央西線にも活かされ、翌34年に気動車急行「しなの」が登場している。

昭和の高山本線を飾ったのは、国鉄キハ80系の特急「ひだ」（右）と名鉄から乗り入れる特急「北アルプス」キハ8000系との共演だった。両列車の交換。中川辺。昭和55年10月26日

以後、「ひだ」は急行、特急へと昇格。この間には名鉄から乗り入れるキハ８０００系の「たかやま」～「北アルプス」も準急から特急に昇格し、名優キハ80系と共演。国鉄分割民営化後はＪＲ東海が電化路線並みの高速化を図り、「メタモルフォーゼ高山ライン」のキャッチコピーで注目された。そして、ライバルの東海北陸自動車道全通後は〃クルマ商品〃を超える新たなる施策が急務となる。本章では〃飛騨路のクイーン〃として君臨してきた「ひだ」の軌跡や共演した優等列車の変遷、章末の「名車追想の旅」では、キハ80系時代の特急「ひだ」の旅を懐古していただこう。

戦前の〝華〟は名鉄から乗り入れたお座敷列車

高山本線には戦前、不定期ながら名鉄の前身の名岐鉄道が昭和7年（1932）10月8日から、当時の名古屋都心のターミナル・柳橋から毎週末を中心に、下呂行き直通特急を運転していた。同線は岐阜方が高山線、富山方は飛越線として工事を進め、昭和9年（1934）10月25日の飛騨小坂（おさか）―坂上間の開通により全線が開通した。岐阜方が下呂までつながったのは昭和5年（1930）11月2日だが、名岐鉄道は高山線の延長に合わせ、下呂温泉の開発にも意欲的だった。下呂特急の運行もその一環で、提携旅館への送客を含め、高山本線の全通を糧に、沿線の濃飛自動車（現＝濃飛乗合自動車〈名鉄グループ〉）の協力を得て観光振興に精魂を傾けていた。

下呂特急の柳橋発は土曜の午後と日祝日の午前、下呂発は日祝日の午後で、名岐～省線（→国鉄）の連絡運輸は運賃2割引の企画商品として発売し、予約申し込み制とした。電車は当時、ピカイチだったデセボ750形の2両編成（755＋756）で、車内の半分に畳を敷いて〝お座敷車両〟に改造。翌8年7月からは、トイレを付け前面貫通型に改造したデボ250形2両編成（251＋252）に交代し、グレードアップを図った。

「見たか、乗ったか、名岐の特急、モダーン日本の　ヨイトナ、青畳、一度お乗りよ、下呂行き特急」。当時はこんなコマーシャルソングも流れ人気は上々。新鵜沼までは自社の犬山線を自走、鵜沼ではパンタグラフを下ろし、省線（国鉄）のＳＬ列車に併結した。省線内は普通列車だったが、名古屋―下呂間は省線岐阜経由だと乗り換え時間を含め所要約４時間かかるが、名岐の特急は鵜沼へ短絡・直通し２時間余。また、日本の鉄道でお座敷車両を運行したのは初めてで、名鉄犬山線と省線高山本線は「お座敷列車発祥の地」ともいえるだろう。

名岐鉄道の下呂行き直通特急は客室の半分を畳敷きにした“お座敷車両”を運行。『名古屋鉄道社史』（昭和35年）から。提供：名古屋鉄道

直通列車は戦局の進展で〝お座敷車両〟の運行を中止。省線の客車が名鉄に乗り入れ、昭和15年（１９４０）10月10日からは当時の「西部線」のターミナル、押切町発着で富山まで毎日１往復の運転となる。同列車は名鉄線内では電車が客車を牽引、鵜沼で高山本線の普通列車に併結。翌16年８月12日には、押切町駅が名古屋市内のルート変更で廃止され新名古屋（現＝名鉄名古屋）駅が開業。直通列車も同駅発着で運行したが、第二次世界大戦の激化でいつしか運転を休止した。

鉄道省は下呂・高山観光向けの〃速達普通列車〃を運転

高山本線が全通した当時、岐阜─高山間には1往復の速達列車が走っていた。『鐵道省編纂 汽車時間表昭和九年十二月號』(ジャパン・ツーリスト・ビューロー発行)によれば、同区間を約3時間で結び、停車駅は岐阜・那加・鵜沼・美濃太田・飛騨金山・下呂・飛騨小坂・高山。もちろんSL牽引の客車列車で種別も普通だが、各駅停車の鈍行が約4時間かかっていたため、現代の快速に該当しよう。

ダイヤは、下り313列車岐阜発12時45分→下呂発14時40分→高山着15時54分、上り314列車高山発14時27分→下呂発15時37分→岐阜着17時28分。下呂・高山への宿泊旅行客を対象にした観光列車で、当時の鉄道省も名岐鉄道の意気込みに刺激され、それなりに頑張っていたのである。しかし、〃十五年戦争〃の戦局が厳しくなると、『鐵道省編纂 時間表昭和十五年十月號』(同)の表紙にも「国策輸送に協力、遊楽旅行廃止」と記載され、高山本線の〃速達普通列車〃も姿を消している。

気動車準急「ひだ」の登場で高山観光も身近に

第二次世界大戦後の復興期を経て、日本経済は昭和20年代末期には急速に蘇り、生活水準も戦前の段階まで復帰した。そんな頃、高山本線にも昭和29年（１９５４）４月３日から観光シーズンの週末に、不定期準急が新設された。列車名は「ひだ」で、運転区間は名古屋─高山間。『日本国有鉄道監修 時刻表 昭和31年11月号』（日本交通公社）によれば、下り３６０５列車名古屋発13時→岐阜発13時33分→下呂発15時19分→高山着16時27分、11月10日まで毎土曜運転、上り３６０６列車高山発10時42分→下呂発11時45分→岐阜着13時36分→名古屋着14時10分、11月11日まで毎日曜運転とある。２・３等編成で、スピードはそれなりに速かった。

準急「ひだ」は昭和33年（１９５８）３月１日、悲願の定期列車に昇格。運転区間は富山まで延長され、優等列車用に開発された新型気動車キハ55系を投入、華麗に変身した。列車は２等（現＝グリーン車）・３等（現＝普通車）編成で、キハ55形３両とキロハ25形１両の基本４両。多客期には名古屋─高山間に増結車２両（キハ55形＋キハ26形）を連結し６両で運転した。

ダイヤは、下り７０５列車名古屋発９時05分→岐阜発９時34分→下呂発11時13分→高山着12時14分→富山着13時58分。上り７０６列車富山発10時35分→高山発12時25分→下呂発13時23分→岐阜着15時02分→名古屋着15時32分。キハ55系は勾配にも強く、名古屋から下

名古屋地区では初めて新型気動車キハ55系が投入された準急「ひだ」。岐阜。昭和33年6月22日　写真：加藤弘行

呂へ約2時間、高山は約3時間、富山へも4時間台（5時間弱）で結び、〃鈍足高山線〃のイメージを一掃したのである。

当初は1往復でスタートしたが、同年10月1日から既設列車は富山から北陸本線に乗り入れ高岡まで延長。高山までは1往復増発の2往復体制になる。帰路に増発列車を利用すれば高山観光は滞在時間が約4時間とれ、名古屋から日帰りも可能になった。

増発列車のダイヤは、下り707列車名古屋発12時35分→高山着15時59分、上り708列車高山発16時22分→名古屋着19時35分。編成は3等車のみのモノクラス5両（キハ55形3両とキハ26形2両）だったが、大好評を博したのである。

姉妹列車が続々仲間入り　中部循環準急も登場

準急「ひだ」は昭和35年（１９６０）７月１日から、名古屋—高山間に１往復増発の３往復とし、この日実施の運賃・料金改定で旧２等車は1等車、旧３等車は２等車となった。

高山本線は飛騨地域の観光振興に効果を発揮したが、さらに名古屋を中心とした中京地区と福井・石川・富山の北陸三県を結ぶ短絡線としての機能を有し、昭和35年（１９６０）10月１日からは「ひだ」１往復を高山本線・北陸本線経由の循環準急に変更。名古屋（東海道本線）→岐阜（高山本線）→高山～富山（北陸本線）→金沢～福井～米原（東海道本線）→岐阜～名古屋の内回りを「しろがね」、その逆コースの外回りは「こがね」と命名。走行距離は約５００㎞で、全区間の通し客は想定していなかったが、高山本線～北陸本線の沿線主要都市間の移動にも便利で、区間利用客が多く乗車率は全区間で高かった。

昭和36年（１９６１）３月１日改正では、名古屋→岐阜→富山間の下り客車夜行（岐阜→高山間主要駅のみ停車）を気動車化し準急「しろがね２号」に格上げ、富山→岐阜間の上り客車夜行（主要駅のみ停車）も気動車化し準急「ひだ」に格上げた。また、高岡系統の「ひだ」を金沢まで延長。いずれも名古屋発着で、下りは循環準急「しろがね」２本

（うち1本は夜行）・「ひだ」2本（高山行1本・金沢行1本）、上りは循環準急「こがね」1本・「ひだ」3本（高山発1本、金沢発1本、富山発夜行1本）の準急4往復体制とした。

昭和38年（1963）4月20日には北陸本線の金沢電化が成る。この日実施された白紙改正では、金沢発着の「ひだ」1往復を急行に格上げ「加越」を新設、高山本線初の急行で新型気動車キハ58系も投入され車両のレベルアップも実現。同改正では「ひだ」に富山発着1往復（下りのみ北陸本線の高岡まで直通）・高山発着1往復が加わり、急行1往復・準急5往復（うち1往復は夜行）体制となった。

循環準急「こがね」の発車式。車両はキハ55系。名古屋。昭和35年10月1日　写真：加藤弘行

高山本線初の急行「加越」、車両はキハ58系も投入されレベルアップが実現。下り709D。角川―坂上間。昭和41年7月17日　写真：加藤弘行

名鉄の高山本線乗り入れが復活、デラックス準急「たかやま」デビュー

昭和40年（１９６５）８月５日、名鉄がデラックス気動車キハ８０００系を新造し、神宮前（新名古屋）—高山間に準急「たかやま」（全車指定席）１往復の直通運転を開始。第二次世界大戦で中断していた名鉄犬山線から鵜沼経由での高山本線乗り入れが復活した。キハ８０００系は国鉄のキハ58系がベースで性能もほぼ同じだが、車体はパノラマカーの〝気動車版〟のごとく連続固定窓、冷暖房完備、座席は１等車がリクライニングシート、２等車でも転換クロスシートと、国鉄特急並みの豪華さが売りものだった。なお、同列車は翌41年12月１日、乗り入れ区間を飛騨古川まで延長している。

一方、昭和41年３月５日には国鉄が料金制度を改正。営業距離が１００㎞以上の準急は急行化し、「ひだ」「しろがね」「こがね」と名鉄から乗り入れる準急「たかやま」は急行に昇格。同日には大阪—高山間に季節急行「のりくら」１往復も新設された。

名鉄キハ8000系は準急用だが国鉄特急並みの車内設備。ミュージックホーンも装備し当初は国鉄線内でも奏でたがスグ中止に。試運転中の５連。犬山遊園。昭和40年7月31日
写真：権田純朗

高山本線にも特急を新設、列車名は伝統の「ひだ」

〝ヨン・サン・トオ〟こと昭和43年(1968)10月1日改正で、高山本線にも初の特急が新設された。列車名は伝統の「ひだ」を継承。名古屋―金沢間に1往復の運転で、金沢運転所(現=JR西日本金沢総合車両所)のキハ80系を使用。基本編成は2等車5両・1等車1両の6両で、食堂車は連結されず侘しかった。

ダイヤは下り1011D=名古屋発15時10分→高山着17時59分→富山着19時25分→金沢着20時18分、上り1012D=金沢発6時45分→富山発7時38分→高山発9時10分→名古屋着11時57分。金沢運転所の受け持ちでもあり、金沢・富山・高山方面からは利用しやすいダイヤだが、名古屋からは逆で乗車率も低迷。そのため当時の国鉄の特急は原則、全車指定席だったが、「ひだ」は2等車5両のうち3両を自由席にし、料金面での負担軽減を図っていた。同改正では、中央西線に新型強力気動車キハ181系使用の「しなの」も登場。名古屋始発の特急は2つの新顔が加わったが、「しなの」はマスコミが大きくとりあげたものの、「ひだ」は前述のような理由でいまひとつ注目度が低かった。

なお、同改正で高山本線の名古屋発着の急行は「加越」を含め「のりくら」に変更統一され、大阪発着の急行は「くろゆり」に改称。これらの措置で同線の優等列車は、特急「ひだ」１往復、急行「のりくら」は下り６本（１本は夜行、もう１本は不定期）・上り７本（同）、循環急行は下り「しろがね」・上り「こがね」の各１本、名鉄から乗り入れる急行「たかやま」１往復。不定期列車は大阪発着の急行「くろゆり」１往復などが加わった。

“ヨン・サン・トオ”で登場した高山本線初の特急「ひだ」。名古屋駅に進入する改正初日の下り1011D。昭和43年10月1日

特急「ひだ」の名古屋発は15時台と中京地区からは利用しにくいダイヤだった。東海道本線を下る80系6連の1011D。名古屋―枇杷島間。昭和44年7月25日

国鉄の特急は全車指定席が原則だったが、「ひだ」は利用促進のため登場時から自由席を３両連結。自由席のサボほか。名古屋。昭和43年10月1日

コラム　高山本線の近代化は〝ヨン・ヨン・トオ〟

高山本線は観光路線の様相を呈し、昭和30年代から優等列車には気動車が投入されていた。しかし、ローカル列車にはSL、C58形牽引の客車列車も残り近代化が遅れていた。そこで国鉄名古屋鉄道管理局は「高山本線輸送改善計画」をまとめ、昭和42年（1967）から種々改良工事を開始した。

主な内容は、全列車の無煙化（旅客列車は気動車化、貨物列車はDL化）、通票閉塞方式を自動閉塞方式に変更、CTCを導入し各駅の運転業務を集約、交換設備の増設と重軌条化、特急の新設と急行の増発、貨物取扱駅を拠点駅に集約……などである。これらの計画は約2年間で完了し、昭和44年10月1日の〝ヨン・ヨン・トオ〟ことダイヤ改正から本格運用を開始。高山駅では記念発車式など祝賀行事が盛大に挙行された。目玉はSLの「さよなら運転」で、高山機関区のC58 389号機牽引の臨時列車が高山―飛騨古川間を1往復した。

C58 389（高）が「御苦労さん 高山機関区」のHMを掲出して最後の旅路に出発。高山駅を発車する7827列車。昭和44年10月1日

「たかやま」の列車名は大阪発着の急行に譲る

昭和40年代その後の動きは、昭和44年（１９６９）５月10日からモノクラス制運賃の適用で旧１等車はグリーン車、旧２等車は普通車となる。翌45年７月15日改正で名鉄から乗り入れる急行「たかやま」が観光シーズンに限り、富山経由で富山地方鉄道の立山まで延長し、列車名を「北アルプス」に変更。オフシーズンは飛驒古川止まりのままとした。

一方、大阪発着の不定期急行「くろゆり」は、昭和46年10月１日改正で列車名を「たかやま」に変更し、翌47年３月15日改正では定期列車に昇格した。同47年改正では、名古屋発着の急行「しろがね」「こがね」の循環運転を中止し高山本線内は「のりくら」に統合。「のりくら」は下り７本・上り８本（上下とも１本は夜行、１本は不定期）に増えた。

特急「ひだ」は名古屋の受け持ちに

中央西線のエル特急「しなの」は、８往復中２往復を名古屋第一機関区のキハ１８１系で運用していたが、この２往復にも振子電車３８１系を投入し、昭和50年（１９７５）２月21日から全８往復が電車化された。余剰のキハ１８１系は高山本線の特急「ひだ」に転用されるかと思われたが、国鉄の事情で中国・四国地方の特急増発用に転出した。

そのため名古屋第一機関区にはキハ181系に代わり、金沢運転所からキハ80系10両が転入、特急「ひだ」は昭和50年3月10日改正から同区の受け持ちに変更された。

高山本線の特急を増発、夜行列車は廃止

昭和50年代に入ると全国各地で急行の特急格上げが行われ、高山本線も昭和51年（1976）10月1日改正で、名古屋−高山間の急行「のりくら」2往復を特急に格上げ、「ひだ」は3往復（金沢1往復、高山2往復）になる。また、名鉄から乗り入れている「北アルプス」も特急に昇格し、「北アルプス」1往復を含め特急は合計4往復に増強。なお、急行「のりくら」は下り6本・上り7本になった。

昭和53年（1978）10月2日改正では、さらに「のりくら」1往復を特急に格上げ名古屋−高山間に「ひだ」1往復を増発、「ひだ」は4往復（金沢1往復・高山3往復）となり、「北アルプス」を加えると特急は5往復体制に増強された。急行「のりくら」は下り5本（1本は夜行）、上り6本（同）とし、大阪からの急行「たかやま」が飛騨古川まで延長された。なお、昭和59年（1984）2月1日改正では、急行「のりくら」の夜行列車が廃止され、「のりくら」は昼行のみ下り4本・上り5本に減少した。

名車キハ80系の特急「ひだ」のヘッドマークを絵入り化

特急「ひだ」のヘッドマークが昭和55年（１９８０）10月１日、合掌造りの家と飛驒の山並みをモチーフしたデザインで絵入り化され、観光特急らしさを強調。これは同年の「いい日旅立ちキャンペーン第7弾―飛驒・美濃路」のＰＲ策に協賛したものだが、北海道の新型気動車キハ１８３系を除く気動車特急では、絵入りマーク化の元祖でもあった。

ロールアップ式の幕ではなく、アクリル板に描かれた「ひだ」の絵入りHM

国鉄末期のダイヤ改正

国鉄末期の昭和60年（１９８５）３月14日改正で、特急「ひだ」の金沢直通を廃止し４往復中３往復は高山、１往復は飛驒古川止まりとなる。名鉄車両の特急「北アルプス」は富山地方鉄道乗り入れを中止したが、富山までは通年運行とし飛驒古川―富山間は唯一の国鉄特急として運用。急行「のりくら」は北陸本線乗り入れを中止し、線内４往復とした。なお、翌61年11月１日の国鉄最後の改正では、「ひだ」の自由席を1両減車し基本５両編成になった。

国鉄分割民営化でJR東海は岐阜―猪谷間を継承

昭和62年（1987）4月1日の国鉄分割民営化で、高山本線は岐阜―猪谷間がJR東海、猪谷―富山間はJR西日本が承継。猪谷駅はJR西日本に帰属、JR東海の〝飛驒最北端駅〟は杉原。特急「ひだ」と急行「のりくら」はJR東海が受け持つことになった。

ワイドビュー車両 キハ85系登場

JR東海の気動車特急は、国鉄から引き継いだ名優キハ80系が頑張っていたが、その置き換え用として昭和63年（1988）に開発されたのが新型気動車キハ85系である。開発のコンセプトは「観光を目的する車両」と明確化し、最新の技術と斬新なデザインで構成。車体はステンレス製だが、先頭車の先頭部のみ普通鋼体とし、JR東海のコーポレートカラーのオレンジの帯を巻いた以外は無塗装とした。

日本では初めてカミンズ社のイギリス工場製エンジン（350馬力を1両に2基）を採用、変速段は変速1段・直結2段の自動変速式で、最高速度は時速120㎞。高加速・高性能で勾配にも強い。先頭車は貫通型と非貫通型が用意されたが、どちらも前面はワイドなパノラミック構造で豊かな曲面を構成。このうち非貫通型のキハ85形は、三次曲面のフロントガラスを採用。運転室上方には天窓も設け、客室との仕切りは全面ガラス張りにするなど、平屋タイプながらも前面展望を重視した。客室はあたたかさを強調し、座席は通路より床を２００㎜かさ上げして配置したハイデッカータイプ。高さ95㎝ものワイドな側窓の下端は、座席の肘掛の上面と同じ高さとし側面展望も考慮した。また、普通車のシートピッチは１０００㎜で、キハ80系の９１０㎜よりかなり広くなった。

量産先行車はキハ85形（非貫通パノラマ型先頭車）、キハ85形１００番代（貫通型先頭車、平成15年バリアフリー化改造し現在は１１００番代）、キロハ84形、キハ84形が各２両、合計８両の小世帯だが、基本編成５両と予備車３両を効率よく運用。グリーン車は普通席と合造の半室グリーン席で座席は２&２配置、シートピッチは１１６０㎜である。

キハ85系は高山本線の特急に先行導入し、愛称は一般公募により「ワイドビューひだ」に決定。平成元年２月18日から特急「ひだ」１往復（当初は３・６号）で暫定営業を開始した。そして、同年３月11日改正では「ひだ」を１往復増発の５往復（自由席２両）とし、キハ85系は下り３号・上り８号で運用。時刻表には「新型車両」と特記され名古屋―高山間は当面、足慣らしの２時間34分、しばらくは先輩キハ80系との共演も実現した。なお、急行「のりくら」は３往復（富山２往復・高山１往復）に減った。

JR東海が会社発足後初めて新造した特急形車両がキハ85系。試運転中のキハ85-1＋キロハ84-1＋キハ84-1＋キハ85-101。中川辺―下麻生間。昭和63年12月25日

キハ85系「ワイドビューひだ」発車式。名古屋。平成元年2月18日

キハ80系（キハ82形）とキハ85系「ひだ」の交換はまさに“飛騨路の新旧交代ショー”だった。上麻生。平成元年6月7日

特急「ひだ」をエル特急に指定

平成２年には量産車48両が登場。同年３月10日改正で特急「ひだ」は３往復増発の定期８往復となり、全列車をキハ85系で運転。うち３往復は富山まで延長し、基本５両（うち１両はキロハ84形）は高山止まり、付属３両（同）が富山まで行く。速達タイプは名古屋—高山間を最速２時間16分、同—富山間は最速３時間51分で疾駆。この時エル特急に指定され、名古屋発は８～10時・12～14時・16時・19時台の40分発とした。

「ひだ」の増発で急行「のりくら」の定期列車は廃止。また、名鉄から乗り入れるキハ８０００系（キハ８２００形）使用の特急「北アルプス」は高山止まりとなり脇役に転じた。

高山本線は「ひだ」のキハ85系化を機に「メタモルフォーゼ高山ライン」キャンペーンを展開。ワイドビュー車両の投入で乗客が増え、〝ワイドビュー効果〟ともいわれた。

高山本線（岐阜—富山）（その２）　上り

列車番号		221C	721D	723D	725D	223C	9011D	729D	225D	731D	227D	229D	231D	233C		9603		1021D	855D
前の掲載頁										前掲載182頁						148		148	
名古屋	発	‥	‥	‥	‥	‥	‥	‥	‥		‥	‥	‥	‥		759	‥	840	‥
岐阜	発	551	‥	‥	‥	658	‥	‥	724	多治見723発	744	755	803	834	‥	847	急行 奥飛騨	901	特急 ひだ1号
長森	〃	555	‥	‥	‥	702	‥	‥	729		749	800	808	839	‥	レ		レ	
那加	〃	559	‥	‥	‥	706	‥	‥	732		753	805	813	844	‥	レ		レ	
蘇原	〃	605	‥	‥	‥	710	‥	‥	739		758	809	818	849	‥	レ		レ	
各務ケ原	〃	607	‥	‥	‥	714	‥	‥	743		803	814	825	854	‥	レ		レ	
鵜沼	〃	612	‥	‥	‥	719	‥	‥	747		808	820	830	859	‥	918		レ	
坂祝	〃	617	‥	‥	‥	724	‥	‥	753		814	827	837	907	‥	レ		レ	
美濃太田	着	622	‥	‥	‥	731	‥	‥	758	759	820	832	842	913	‥	929		922	
美濃太田	発	‥	628	646	702	‥	‥	744	816	811	‥	‥	‥	‥	‥	929	◆	923	⊗
古井	〃	‥	633	651	706	‥	‥	749	多治見842着	817	‥	‥	‥	‥	‥	レ	運転日注意	レ	
中川辺	〃	‥	637	656	710	‥	特急	754		822	‥	‥	‥	‥	‥	レ		レ	
下麻生	〃	‥	643	701	716	‥	ひだ81号	759		828	‥	‥	‥	‥	‥	レ		レ	高山富山間
上麻生	〃	‥	649			‥		805	多治見・美濃太田間430D	841	‥	‥	‥	‥	変r	レ		レ	
白川口	〃	‥	700	‥	‥	‥		817		857	‥	‥	‥	‥	1000	1001	4月14・15・29・30日・5月3～6日運転	レ	
下油井	〃	‥	710	‥	‥	‥		834		913	‥	‥	‥	‥	レ	レ		レ	
飛騨金山	〃	‥	726	‥	‥	‥		847		922	‥	‥	‥	‥	レ	レ		レ	
焼石	〃	‥	736	‥	‥	‥		857		935	‥	‥	‥	‥	レ	レ		レ	
下呂	着	‥	749	727D	‥	‥		912		949	‥	‥	‥	‥	1037	1038		1014	⊗
下呂	発	‥	750	822	‥	‥	912	924	以下182頁	多治見・美濃太田間423D	‥	‥	‥	‥	1038	1038		1014	なし
禅昌寺	〃	‥	758	830	‥	‥	レ	932			‥	‥	‥	‥	レ	レ		レ	
飛騨萩原	〃	‥	803	843	‥	‥	レ	937			‥	‥	‥	‥	レ	レ		レ	‥
上呂	〃	‥	809	849	‥	‥	レ	943			‥	‥	‥	‥	レ	レ		レ	‥
飛騨宮田	〃	‥	815	856	‥	‥	レ	950			‥	‥	‥	‥	レ	レ		レ	‥
飛騨小坂	〃	‥	820	907	‥	‥	レ	955			‥	‥	‥	‥	1101	1102		レ	‥
渚	〃	‥	831	918	‥	‥	レ	1009	‥	‥	‥	‥	‥	‥	レ	レ		レ	‥
久々野	〃	‥	840	927	‥	‥	レ	1018	‥	‥	‥	‥	‥	‥	レ	レ	4月29・30日・5月3～6日	レ	‥
飛騨一ノ宮	〃	‥	849	936	‥	‥	レ	1033	‥	‥	‥	‥	‥	‥	レ	レ		★	‥
高山	着	‥	856	944	825D	‥	1004	1040	‥	‥	‥	‥	‥	‥	1134	1135		1056	
高山	発	‥	903	‥	1008	‥	◆	‥	‥	‥	‥	‥	‥	‥	4月	‥		1101	4月21
上枝	〃	‥	909	‥	1014	‥		‥	‥	‥	‥	‥	‥	‥		‥		レ	
飛騨国府	〃	‥	916	‥	1021	‥		‥	‥	‥	‥	‥	‥	‥		‥		レ	

気動車特急では久々にエル特急に指定された「ひだ」。『JR時刻表』平成2年3月号（弘済出版社刊）

名鉄特急「北アルプス」に新型キハ8500系が登場、「ひだ」との併結運転も実現！

準急時代から同系車両を使用し、JRのキハ85系「ひだ」との格差が拡大していた名鉄特急「北アルプス」は、キハ85系と同性能の新型キハ8500系を5両新造。内訳は貫通型先頭車キハ8500形（8501〜8504）4両と中間車キハ8550形（8555）1両。このうちキハ8501と8502号車は、キハ85系との併結対応車で前面貫通路が少し下がる。平屋車体だが1000系「パノラマsuper」の流れを汲み、その電車版といった趣。カミンズ社のイギリス工場製エンジンを搭載し、高加速性能を可能にした。

「北アルプス」は平成3年3月16日改正から新型車に置き換えられ、スピードアップも実現。JRキハ85系との併結運転を、観光シーズンの多客期に臨時「ひだ」で開始した。

また、同改正では平坦区間の駅を中心に、最大だと時速110㎞でも通過可能な弾性両開きポイントを導入し、名古屋―高山間は最速2時間9分、富山までは同3時間35分に短縮。なお、「ひだ」は定期8往復のままだが、富山発着は4往復に増強された。

飛騨路で見られたJRと名鉄の共演

高山本線の特急は、名鉄車両を使用する「北アルプス」のリニューアルで面目を一新。

ＪＲ「ひだ」との交換や併結運転など、その共演は飛騨路の魅力の一つにもなった。

併結運転は当初、「北アルプス」は上下とも後部（下りは岐阜方、上りは高山方）に連結していたが、のち下りは前部・上りは後部（いずれも高山方）に変更。平成11年12月４日改正で併結相手が定期列車の「（ワイドビュー）ひだ」７・18号に昇格すると、「北アルプス」だけの単独運転区間は鵜沼―美濃太田間になる。同列車は鵜沼を通過し名鉄～ＪＲの連絡線を通るため、名鉄の運転士・車掌が同区間を通し乗務し、ＪＲとの乗務員交代は美濃太田で行った。なお、名鉄の高山本線乗り入れ列車の詳細は拙著『名古屋鉄道 今昔』（交通新聞社刊）などをご参照いただきたい。

名鉄「北アルプス」キハ8500系とJR「ひだ」キハ85系との併結10連。当初、「北アルプス」は上下とも後部に連結。下麻生―上麻生間（後追いで撮影）。平成３年３月16日

特急「ひだ」と名鉄「北アルプス」の交換シーン。飛水峡（信）。平成3年3月18日

高山本線から消えた〝ハチマル〟

平成６年10月25日、高山本線60周年記念イベントとして、80系気動車（キハ82形）を使用した臨時快速「メモリアルひだ」が名古屋―高山間に１往復走った。〝ハチマル〟は化粧直しされた６両編成で、うちグリーン車を２両組み込んだ豪華版。車号は高山（名古屋）方から、キハ82―１０５（昭40・8）＋キハ80―１２０（昭40・6）＋キハ80―99（昭39・8）＋キロ80―62（昭42・1）＋キロ80―60（昭40・7）＋キハ82―73（昭40・1）。カッコ内は製造年月で、いずれも国鉄黄金時代のスターたちである。

飛水峡を走る「メモリアルひだ」、グリーン車２両を組み込んだ豪華編成のキハ80系6連。上麻生―飛水峡（信）間

HMは従来の絵入りHMにメモリアルの文字を付加。高山（名古屋）方先頭車に掲出

先頭車キハ82形のJNRマークも復元し、ヘッドマーク（以下、HM）は高山方が絵入

り、岐阜方は名前だけの板を掲出して往時を再現。岐阜駅では須田寛ＪＲ東海社長も出席し、盛大に発車式も挙行された。ちなみに、この列車の企画段階の時、私は当時の営業担当部長から種々相談を受けたが、列車名を「〃メモリアルひだ〃なんていかがですか……」と雑談したのを覚えている。ふたを開けてみたら何と、偶然にもその名称が使われていたのには驚いた。

輝くJNRマークと絵入りHM。キハ82-105号車

往時に類似した文字だけのHMを掲出したキハ82-73号車。平成6年10月25日

　一方、同年12月10日には同じ編成を使用し、高山本線60周年と美濃加茂市制40周年の共同企画による臨時列車「メモリアル６０４０」も運行。この列車こそ高山本線の〃ハチマル〃最終仕業となった。なお、リニア・鉄道館にはキハ82―73号車を保存・展示中だ。

「ひだ」は「(ワイドビュー)ひだ」に、高山本線優等列車その後の動向

特急「ひだ」は平成8年7月25日からワイドビューの冠称が付記され、列車名称が「(ワイドビュー)ひだ」となる。なお、時刻表への表示は同年9月号からだった。

大阪発着の急行「たかやま」は、平成11年12月4日改正で特急に昇格し「ひだ」に統合、岐阜―高山間は名古屋発着の列車に併結された。同改正では名鉄から乗り入れる特急「北アルプス」の併結相手を定期「ひだ」(7・18号)に変更。「ひだ」は定期2往復増発の同10往復に成長。名古屋発は8～15時・17時・19時台の43分発となる。

平成12年3月11日改正では、特急「ひだ」の基本編成を1両減車の4両とし自由席が2両から1両に減る。翌13年3月3日改正では、「ひだ」の富山編成3両のうちキロハ84形をキハ85形に換え、富山・名古屋方先頭車のキハ85形は、紀勢本線の特急「南紀」の編成見直しで捻出したグリーン車、2&1座席のキロ85形と交換。また、同年10月1日改正では、特急「北アルプス」を廃止し、名鉄の高山本線乗り入れが終了した。

一方、平成16年10月20日の台風23号の被災で、「(ワイドビュー)ひだ」は高山―富山間を運休。同年11月18日から飛騨古川までは再開したが、富山までは運休が続く。富山再開は約3年後で、平成19年9月8日の角川―猪谷間の復旧時からだった。

コラム　大阪からやってきた急行「たかやま」

特急「(ワイドビュー)ひだ」は大阪発着が1往復あるが、前身は昭和41年(1966)3月5日に登場した季節急行「のりくら」だ。当初の運行区間は大阪—高山間で、同43年10月1日に「くろゆり」、同46年10月1日には「たかやま」と改称。同47年3月15日改正で定期列車に昇格し、同53年10月2日には飛騨古川まで延長された。国鉄分割民営化後はJR西日本が受け持ち、急行形のキハ58系で運行を継続。平成2年3月10日改正以降は高山本線で唯一の急行となり、キハ85系の特急「(ワイドビュー)ひだ」とは車内設備に大幅な格差が生じ、同年12月より順次、車内アコモの改装が始まる。座席は特急形発生品の簡易リクライニングシートに交換、車体はアイボリーと明るいピンクの装いに一新し、大きなトレインマークも掲出した。そして、翌3年2月7日には編成全車のリニューアルを完了した。

キハ58系の最高速度は時速95㎞、どっしりとした車体は横揺れが少なく、エンジンを唸らせ懸命に走る姿は温かみが感じられた。急行なので料金も安く、旅情派には人気があったが、時代の流れには勝てず、平成11年12月4日改正で特急に昇格、キハ85系の「(ワイドビュー)ひだ」に統合されたのである。

JR西日本のキハ58系リニューアル車で運転していた急行「たかやま」。鷲原(信)—白川口間。平成3年3月17日

名車追想の旅

〝ふるさと特急〟「ひだ」の主役を演じた〝ハチマル〟懐古

国鉄時代末期の昭和60年（1985）初夏、特急基地の名古屋第一機関区は元祖特急形気動車〝ハチマル〟の本州最後の砦となっていた。昭和60年3月14日のダイヤ改正で山陰地区の気動車特急がキハ181系化され、名車キハ80系は当時でも北海道および中部地方の高山本線（直通する東海道本線）と関西・紀勢本線の一部で、最後の活躍を続けているにすぎなかった。

飛騨路を走る“ふるさと”特急「ひだ」。キハ80系6連。焼石―少ヶ野（信）間。平成元年1月13日

当時、高山本線の特急は〝ハチマル〟使用の「ひだ」が4往復走っていたが、運転区間の見直しで、旅客需要の少ない高山以北は1往復が飛騨古川まで運転したほかは高山止まり。金沢直通は廃止され、飛騨古川―富山間は名鉄から乗り入れる「北アルプス」を定期特急に格上げて代行。これぞ国鉄のお家事情に見合った減量ダイヤだったが、〝ハチマル〟は、飛騨路を駆ける〝ふるさと特急〟「ひだ」の主役を演じていたのである。

●飛驒路の旅は名古屋がターミナル

飛驒の国は岐阜県北部、美濃・信濃・越中・加賀・越前の五国に囲まれた山国。飛驒を縦断する高山本線は岐阜と富山を結ぶ路線だが、優等列車は中部圏のゲートシティー・名古屋がターミナルだ。昭和29年４月に不定期準急「ひだ」が設定されて以来、大阪発着のごく一部を除き名古屋発着を踏襲し、東海道新幹線開通後は新幹線との連絡を考慮してのダイヤ設定となっている。それでは時代は遡って昭和60年６月下旬、名古屋から昭和の名車〝ハチマル〟に乗り、懐古の旅をお楽しみいただこう。

朝９時過ぎ、４番ホームへ。９時23分発の下り特急「ひだ１号」５００３Ｄ・高山行きは、すでに据え付けられていた。編成は岐阜方の先頭１号車から順に、①キハ82－96＋②キロ80－43＋③キハ80－１１８＋④キハ80－１０３＋⑤キハ80－１２０＋⑥キハ82－98の６連。１～３号車が指定席でうち２号車はグリーン車、４～６号車が自由席だ。当時は編成の半分を自由席とし、特急料金の負担を極力抑え、特急利用の促進に努めていた。

４番ホームには売店のほか、南端に名古屋名物のきしめんスタンドがある。有料だが車内持ち込み容器も用意され、ゆっくり食べたい人に気配りあるサービスだ。私も駅弁プラスつゆが鰹(かつお)醤油味の温かいきしめんを持ち込み、３号車の指定席へ。〝ふるさと特急〟「ひだ」の旅は、温かな食材が友となり、心のふるさと飛驒の国への旅立ちとなった。

定時発車、♪〝気動車のオルゴール〟の『アルプスの牧場』が流れ、出発時の案内放送が始まる。「岐阜から高山線に入ります特急ひだ1号、高山行きです。停車駅は尾張一宮、岐阜、美濃太田、下呂、飛驒萩原、飛驒小坂と終点の高山です。……中略……、岐阜から列車の進行方向が逆になります……」。車掌さんは二人乗務で名古屋車掌区の担当だ。

列車はグングン加速し、複線電化の東海道本線を疾駆する。庄内川を渡り枇杷島を通過したが、同駅構内には休車になったキハ82形とキハ80形が各1両留置されていた。名古屋第一機関区の〝ハチマル〟は、老雄ながらも昭和39～41年製の後期グループ車で揃えられ、昭和60年3月14日改正では向日町運転所（現＝JR西日本吹田総合車両所京都支所）から比較的車齢が新しい車両を迎え入れ、若番車を淘汰した。

車内はオフシーズンのため乗客はまばら。車内改札の車掌さんもチョッピリ手持ぶさたのようだ。でも、観光客らしき人もいてグリーン車には外国人のグループも。少しは観光特急の華やかなムードが感じられた。

尾張一宮に停車後、木曽川を渡って岐阜県に入り、右手にこれから進む高山本線が迫ると名鉄名古屋本線をアンダークロス、岐阜着は9時47分である。名古屋から所要24分、最高時速100km、気動車で1駅停車の表定時速約76kmはまずまずの速さだ。ちなみに当時、毎時1往復走る117系の快速電車は最高時速110km、稲沢と尾張一宮に停車し最速23分。当時の岐阜駅はまだ高架ではなかった。

●指定席はグリーン車も含めほぼ全員が観光客

岐阜は5分間の停車。高山本線に入るには列車の進行方向が変わるため、座席の向きを変える。当時の特急も座席は回転式だが、名車〝ハチマル〟は老雄だけに通常操作ではなかなか動かない座席も。中にはせんべい布団のようにくたびれたものや、鋼材が背中をこするものもあった。ちなみに、普通車は背もたれがリクライニングしない二人掛けだったが、一人ずつ区分したテーブルは付いていた。同駅では運転士が名古屋第一機関区から美濃太田機関区の乗務員に交代。9時57分に発車し、列車は6号車の自由席が先頭になる。

普通車の座席は二人掛け回転シート、リクライニングはしないが一人ずつ区分したテーブルが付いていた。クーラーも年代物。昭和60年6月19日

岐阜を出ると美濃の平地を坦々と走り、名鉄各務原線と国道21号に並行して東進する。「列車の右手の小高い山の上に見えます城は国宝犬山城です……」。車掌さん肉声の観光ガイドが流れると、車内はお堅い国鉄の列車とは思えない和らいだムードが漂ってきた。でも、車内は空いている。大半は観光客のようだが、車掌長に尋ねてみると、普通車指定席21人、グリーン車5人、自由席108人で、乗車率は34%。指定席とグリーン車は全員が高山までの通し乗車で、ジャパン・レール・パス持参の外国人は「To Takayama」と答えてくれた。自由席も観光客が大半だが、商用・用務の区間利用客もあるという。

鵜沼では名鉄犬山線からの連絡線が合流。この線を使って毎日1往復、富山まで直通する名鉄からの特急「北アルプス」が乗り入れている。列車は木曽川に沿って緩いS字カーブを描きながら右手に日本ラインの岩肌が見える景勝地を走る。ここでも車掌長の観光ガイドが流れた。まもなく美濃太田で10時19分着。自由席に数人の乗降はあったものの指定席の動きはゼロ。上り「ひだ2号」5002Dと交換し10時23分に発車した。

●ふるさと飛騨高山への鉄路(みち)

美濃太田は旧中山道の宿場町、太田宿が発展した美濃加茂市の玄関だ。木曽川は同市内で2本に分かれ、一つは中央西線沿いの木曽山中へ、もう一つは飛騨川と名を変え、まさしく飛騨路へ遡る。中川辺を過ぎると山が近づき、下麻生からは山峡へと入っていく。

「まもなくいたしますと短いトンネルを潜りますが、そのあと右手に飛騨川が迫り、眼下には切り立った岩肌が見事な飛水峡が見えてまいります。岩肌に開く大きな穴の多くは天然記念物の『甌穴（おうけつ）』です」。ここは列車に寄り添う飛騨川最初のビューポイントだが、観光ガイドが流れるたびに観光客らは車窓を注視する。車内は観光特急のムードが高まってきたが、〝ハチマル〟のエンジンのうなりも正比例してきた。

中川辺を過ぎると山並みが近づく。観光シーズンの多客期の「ひだ」は基本6両に2両増結の8連で運行した。中川辺―下麻生間。平成元年5月4日

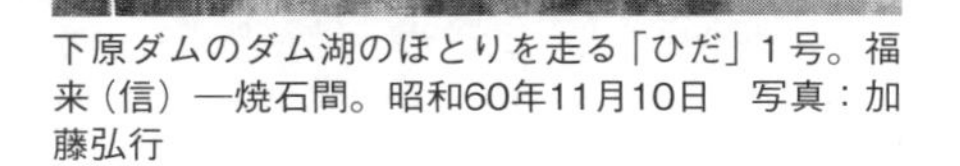

下原ダムのダム湖のほとりを走る「ひだ」１号。福来（信）―焼石間。昭和60年11月10日　写真：加藤弘行

飛驒金山は美濃路と飛驒路の境界。「ひだ1号」は同駅を通過するが、改札口の脇にはその看板が掲出され、車窓からも確認することができた。飛驒川は今度は益田川と名を変え、ここから下呂までの約20㎞は激流が岩を噛んで白い泡を飛ばし、時には青い淵となって見事な渓谷美を展開。その美しさは昔から「中山七里」と呼ばれてきた。福来(ふくらい)信号場では高山始発の上り急行「のりくら4号」７０４Ｄと交換のため運転停車する。同列車はキハ58系の６連だった。ここは無人の信号場だが、高山本線はＣＴＣ化されているため出発信号にしたがってスグ発車。まもなくすると下原ダムのダム湖のほとりを走る。そして山間の小駅、焼石を通過しトンネルをいくつか潜ると、車窓左右には温泉旅館が見えてきた。日本三名泉の一つ、下呂温泉への下車駅・下呂には11時25分着。中途半端な時間だけに乗降はわずかだが、自由席には朝食をゆっくりとり、益田川河畔などを散策してきた宿泊客らしき人たちが、高山観光に出かけるのか数人加わった。

下呂はわずか数十秒の停車で発車。この先、昭和の商店街が残るレトロな街、飛驒萩原ではキハ40系２連の上り普通８２８Ｄと交換したが、この列車は富山―岐阜間をロングランする長距離鈍行でもある。当時、このタイプの列車は上りのみ３本あった。

乗客の大半は岐阜を出た時とほぼ同じ顔ぶれ。３号車の指定席は依然空いており、名古屋から乗っている同年会の殿方ご一行６人組は車宴の真っ最中。「楽しそうですね」と声をかけたら、「あんたも一杯飲んできゃあ！」とご満悦。そして、うち１人がカラオケなしのアカペラで『奥飛騨慕情』を口遊み始めた。当時は貸切りの観光バスだと車内カラオケが大ブーム。貸切り同然の車内だけに、車内巡回の車掌さんは苦笑いしていた。

飛騨小坂で交換するキハ80系の下り特急「ひだ1号」とキハ58系の上り急行「のりくら6号」。昭和60年4月6日　写真：加藤弘行

列車は木曽御嶽山の岐阜側登山基地で林業の町、飛騨小坂に停車。ここでは富山発の上り急行「のりくら６号」７０６Ｄ（キハ58系６連）と交換し11時49分に発車した。渚を通過すると山はさらに深くなり上り勾配の連続。スピードはかなり下がり、奮闘するエンジンの響きがかわいそうに聞こえる。高山本線にも中央西線電化で浮いたキハ１８１系の導入も計画されたが、故障続きでケアを担当してきた名古屋第一機関区などが消極的だったため、同系は昭和50年３月10日改正で、中国・四国地区の特急増発用に転用された。ちなみに、高山本線にはキハ１８１系の量産試作車のキ

ハ91系が、中央西線の電化後は急行「のりくら」1往復に活躍。だが、しょせん試作車でもあり昭和51年（１９７６）９月３日に引退してしまった。

高山本線の最高地点、標高６７６ｍの久々野（くぐの）を通過すると同線最長で全長２０８０ｍの宮トンネルを潜る。ここは川の流れが太平洋と日本海に分かれる中部日本の分水嶺で、寄り添う川も宮川と名を改め、宮盆地を大きく迂回しながら大築堤を駆け下りていく。

中部日本の分水嶺、宮峠に挑む「ひだ1号」、キハ80系6連。渚―久々野間。昭和61年4月6日　写真：加藤弘行

「列車は宮峠を下り高山盆地へ入ってまいりました。まもなく飛驒の優雅な街、心のふるさと高山に到着いたします。高山は市街に神社仏閣が……」。車掌長の観光ガイド兼到着放送が流れると車内はざわつき、終着の高山に到着した。時刻は12時20分定時、名古屋から所要2時間57分、急行だと約3時間半はかかるので、単線・非電化区間の特急としてはまずまずの速さだ。昭和60年代初頭、〝ハチマル〟は老雄ながらも健闘していたのである。

第3章

北陸特急「しらさぎ」物語

●運行開始＝昭和39年（1964）12月25日
●エル特急指定＝昭和50年（1975）3月10日
解除＝平成30年（2018）3月17日

国鉄初の交直両用特急形電車が営業運転を開始！

名古屋と北陸を結ぶ名門列車が特急「しらさぎ」。昭和39年（１９６４）８月24日に北陸本線の金沢―富山（富山操車場）間の電化が完成。これで同線は田村から富山までが交流電化され、昭和37年（１９６２）12月28日に直流電化された米原―田村間、既設直流電化区間の東海道本線とリレーし、交直両用車両による直通運転が可能になった。

そして、昭和39年秋には国鉄初の交直両用特急形電車４８１系が落成。この素晴らしい車両は同年12月25日から大阪発着の「雷鳥」と名古屋発着の「しらさぎ」各１往復に投入。両列車は共通運用され、名古屋発処女列車の発車式は同日の富山行きで盛大に挙行された。

東海道本線西部～北陸本線は交直両用特急形電車が活躍する老舗舞台だが、名古屋発着の北陸特急は、今もＪＲ西日本金沢総合車両所の６８１系をメインに「しらさぎ」の運転を継続している。そうした中で、国鉄民営化後も平成15年夏までの約17年間は、国鉄形の４８５系が頑張っていた。元祖国鉄特急形電車１５１系の流れを汲むボンネット型先頭車、中間電動車を改造した〝ひょうきん車両〟で平屋車体の貫通型先頭車、晩年のパノラマ型グリーン車を連結した〝青サギ〟など、バラエティー豊かな車両の活躍は興味尽きな

東海道本線を快走する481系ボンネット型先頭車使用の北陸特急「しらさぎ」11連。名古屋―枇杷島間。昭和44年11月3日

いものがあった。

本章では名古屋発の交直両用電車による北陸特急のメモリアルとして、「しらさぎ」で活躍した車両やその取り巻き列車の変遷を紹介。章末の「名車追想の旅」では、国鉄形485系時代の最後を飾ったパノラマ型グリーン車連結の〝青サギ〟で、前方注視の北陸の旅を懐古していただこう。

国鉄初の交直両用特急形電車481系が投入された「しらさぎ」。名古屋駅での処女列車の発車式。昭和39年12月25日

北陸への日帰り出張が可能に

「しらさぎ」は東海道新幹線が開業した昭和39年（１９６４）10月１日のダイヤ大改正を機に新設されたが、使用する４８１系の落成が遅れ、ペアを組む大阪―富山間の「雷鳥」と共に、営業開始が３カ月弱も遅れてしまった。新製４８１系は大阪鉄道管理局の向日町運転所（現＝ＪＲ西日本吹田総合車両所京都支所）に配置され、編成は２等車（昭和44年５月10日からは普通車）８両に１等車（同グリーン車）２両、食堂車１両を連結した11連で、全車指定席だった。

登場当時の「しらさぎ」のダイヤは、下りが名古屋を朝の８時に出発し富山には昼の12時25分着、上りは富山を夕方18時15分に出て名古屋着は夜の22時40分。１日１往復ながら日帰りの北陸出張も可能となり、ビジネスマンらに大好評を博した。そして、翌40年（１９６５）10月１日改正では、下り名古屋発８時→富山着12時16分、上り富山発18時15分→名古屋着22時35分と、数分スピードアップされた。

４８５系とは４８１系と４８３系の総称

昭和39年に「しらさぎ」に投入された４８１系は、元祖特急形電車で直流用１５１系がベースの交直両用車両だが、先頭車のクハ４８１形はボンネット型を踏襲。電動車ユニットのモハ４８１形とモハ４８０形は西日本仕様車（関西・中京～北陸・九州用）で直流・交流60Hz対応。翌40年には東北本線の盛岡電化に備え、東日本仕様車（関東～東北用）で直流・交流50Hz対応のモハ４８３形とモハ４８２形を組み込んだ４８３系も登場した。

しかし、電動車以外は４８１系と同じなので、東西２タイプのこの系列は昭和43年（１９６８）から共通化が進められ、電動車ユニットは交流の周波数が50Hz・60Hzとも対応可能なモハ４８５形とモハ４８４形に統一。特急形交直流電車は統合され、その総称を４８５系とした。なお、昭和46年（１９７１）には信越本線の碓氷峠（横川－軽井沢間）でEF63形直流電気機関車との協調運転に対応可能な４８９系も登場している。

ちなみに、先頭車は昭和47年（１９７２）から５８３系（５８１系）寝台電車の前面デザインに類似した貫通式の２００番代が、昭和49年（１９７４）にはその貫通路を廃止した３００番代も登場した。

以後、電化区間の延長で運用範囲も拡大し、昭和59年（１９８４）までに総勢約１５００両を新造。交直両用で幹線でも支線でも使用可能な汎用車であり、改造車も含め様々なバリエーションが誕生した。

「しらさぎ」を補完した急行列車「こがね」「しろがね」「兼六」「くずりゅう」

名古屋対北陸の華は特急「しらさぎ」だが、米原回りの優等列車は「しらさぎ」を補完する格好で、気動車を使用した循環列車「こがね」（東海道・北陸・高山本線経由、名古屋→米原→金沢→富山→高山→岐阜→名古屋）、同「しろがね」（こがねの逆回り）が懐かしい。両列車は昭和35年（１９６０）10月１日改正で登場。準急でスタートしたが、昭和41年（１９６６）３月５日の営業制度改正で急行に昇格した。しかし、気動車のため足が遅く電車が主役の北陸本線では嫌われ、同47年（１９７２）３月15日改正で「しらさぎ」が４往復に増発されると循環運転を中止し、高山本線内は急行「のりくら」に統合された。

電車急行では、昭和41年10月１日改正で、金沢運転所（現＝ＪＲ西日本金沢総合車両所）の４７１系・４７３系交直両用電車を使用した急行「兼六」１往復が名古屋―金沢間に登場した。１等車（昭和44年５月10日からはグリーン車）のサロ２両、半車ビュフェのサハシ２両を挟んだ堂々12連で、ズバリ庶民派の乗り得列車として親しまれた。「しらさぎ」のすき間を狙ったダイヤ設定だったが、名古屋発は夕方のため、中京地区から北陸方面への日帰り出張には利用できなかった。

一方、東海道新幹線と連絡する米原発着の急行としては、昭和41年12月１日から米原―

米原発着の急行「くずりゅう」は471系普通車のみの6連。繁忙期には名古屋まで臨時列車として乗り入れた。東海道本線 名古屋―枇杷島間　昭和44年8月5日

金沢間に急行「くずりゅう」が２往復（うち１往復は不定期）登場した。471系をメインに２等車のみモノクラス６連（３両ユニット２本連結）で運転したが、米原始発で座れる確率が高いので大好評を博し、昭和43年（１９６８）10月１日改正で５往復（うち２往復は不定期）に、翌44年10月１日改正では福井までの１往復が加わり６往復に成長。同53年（１９７８）10月２日改正では全列車が定期化された。まさに「しらさぎ」を補完する列車として活躍し、「しらさぎ」の本数の少ないころは、繁忙期に名古屋まで臨時列車として延長運転される日もあった。

北陸本線では最高時速120㎞運転を開始！

〝ヨン・サン・トオ〟こと昭和43年（1968）10月1日改正で、「しらさぎ」は2往復に増発。北陸本線は富山までの複線化や軌道強化完成により、米原―金沢間では最高時速120㎞運転も実現。名古屋―富山間を3時間59分で疾駆し、韋駄天ぶりを発揮した。

同改正では昭和40年（1965）11月1日にスピードアップされた東海道新幹線との米原接続を改善し、関東―北陸間の速達ルート化が成る。そして、昭和46年（1971）4月26日改正では、金沢止まりの1往復を増発（のち富山まで延長）し3往復になった。

〈昭和43年10月1日改正 しらさぎダイヤ〉
下り「しらさぎ1・2号」名古屋発8時15分・13時15分↓富山着12時14分・17時14分
上り「しらさぎ1・2号」富山発5時55分・17時50分↓名古屋着9時59分・21時53分
新幹線～しらさぎ連絡
下り ①東京発6時05分「こだま101号」米原着9時14分～同発9時22分「しらさぎ1号」富山着12時14分。②東京発11時05分「こだま119号」米原着14時14分～同発14時22分「しらさぎ2号」富山着17時14分
上り ①富山発5時55分「しらさぎ1号」米原着8時52分～同発9時14分「こだま112号」東京着12時25分。②富山発17時50分「しらさぎ2号」米原着20時48分～同発21時30分「こだま294号」静岡着23時13分

コラム　名古屋駅に現れた485系の特急「はくたか」

国鉄時代、大阪―青森・上野間（信越本線経由・直江津で分割併合）に80系気動車（キハ82系）で運転していた特急「白鳥」のうち、大阪―上野間の編成を系統分割して金沢発着とし、昭和40年（１９６５）10月１日改正で上野―金沢間に信越本線（長野）経由の気動車特急「はくたか」が１往復登場した。その後、昭和44年（１９６９）10月１日改正で４８５系電車11連に置き換えられたが、電車化と同時に高崎線〜上越線経由に変更され、スイッチバックする駅も直江津から長岡に変わっている。

４８５系は向日町運転所の受け持ちで「雷鳥」系統とは共通運用だが、電車化初日の上野発の車両回送は東海道本線経由で実施。名古屋駅では白昼堂々、「はくたか」のヘッドマーク（ＨＭ）を掲出した４８５系の勇姿が見られた。

名古屋駅の旧駅舎と旧大名古屋ビルヂングをバックに名古屋駅を通過する485系「はくたか」の回送列車。昭和44年9月29日

寝台電車583系も「しらさぎ」に活躍

昭和47年（1972）3月15日の山陽新幹線岡山開業に伴うダイヤ改正で、「しらさぎ」はさらに1往復増発し4往復になる。増発列車には南福岡電車区（現＝JR九州南福岡車両区）の寝台電車581系・583系を充当。同改正では名古屋―熊本間の特急「つばめ」が廃止され、寝台特急「金星」（名古屋―博多間1往復・昭和43年10月1日改正で登場）とペアを組んでいた両系の昼間の運用が浮き、その車両を充当し増発が実現した。

581系は昭和42年（1967）、世界で初めて電車での昼夜兼用の寝台車両として登場。同年10月1日改正で新大阪―博多間の寝台特急「月光」と新大阪―大分間の昼間特急「みどり」に投入され、通称「月光形」とも呼称された。交直両用だが交流区間は60Hzのみ対応のため、翌43年（1968）以降の増備車は、東日本の交流50Hz区間も走行可能で、直流／交流50・60Hzの3電源対応の583系に変更。本書では以下、583系と称する。

ところで、485系の「しらさぎ」は普通車8両・グリーン車2両・食堂車1両の11連だが、583系は普通車10両・グリーン車1両・食堂車1両の12連となる。普通車が多いのは庶民にとってありがたいが、座席はシートピッチこそ広いものの、寝台スペースを活用した4人掛けボックスシート。また、グリーン車が1両というのはビジネス特急として

寝台特急「金星」の運用間合いで1往復走っていた583系「しらさぎ」。名古屋。昭和53年9月21日

は需要に応えられなかった。これぞ昼夜兼用の寝台電車の泣き所だったかも。

「北陸特急」大増発！「しらさぎ」を補完する米原発着の「加越」も登場

山陽新幹線が博多まで全通した昭和50年（1975）3月10日改正では、名古屋発着の庶民派夜行急行「阿蘇」（名古屋―熊本間1往復）を廃止。大阪発着の北陸本線の優等列車の多くは、昭和49年（1974）7月20日に開業した湖西線経由に変更。東海道新幹線と米原接続の北陸特急は、「しらさぎ」を補完する格好で米原―金沢間に2往復・同―富山間に4往復の「加越」が計6往復新設された。

名古屋発着の「しらさぎ」も2往復増発され、金沢1往復・富山5往復の計6往復とし、米原発着の同特急は「加越」を合わせると12往復、ほぼ等時隔・毎時1往復の運転と

名古屋―金沢間の電車急行「兼六」は、特急「しらさぎ」増発のため廃止。471系などの12連で快走する懐かしの同列車。北陸本線 坂田―田村間。昭和50年１月15日

なる。編成は「しらさぎ」が４８５系も５８３系と共に食堂車１両連結の12連となるが、５８３系の「しらさぎ」は食堂車を営業休止扱いとした。また、グリーン車は４８５系が２両、５８３系は１両。「加越」はグリーン車１両を含む４８５系の７連（食堂車なし）だった。なお、同改正で４８５系による「しらさぎ」は金沢運転所へ、５８３系のそれは向日町運転所へ運用移管された。

　ところで、交直両用電車４７１系・４７３系の12連（グリーン車・ビュフェ連結）で運転していた名古屋―金沢間の急行「兼六」１往復は、同50年３月10日改正で特急に格上げ「しらさぎ」に統合、廃止された。

「しらさぎ」など北陸本線の特急をエル特急に指定

昭和50年（１９７５）３月10日改正で北陸特急は大増発されたが、大阪発着の「雷鳥」

をはじめ、「しらさぎ」「加越」ともに自由席（原則３両）を新設、北陸本線の特急は原則、「エル特急」に指定された。

大阪発着の「雷鳥」系統は湖西線経由に変更。東海道新幹線との接続は米原発着のエル特急「加越」を新設し「しらさぎ」を補完した。上り「加越」処女列車と、同号新設並びに北陸本線特急Ｌ化の記念式典。金沢駅。昭和50年3月10日（２枚共）

５８３系「しらさぎ」が消える、全列車を４８５系で運転

昭和53年（１９７８）10月２日改正で、１往復あった５８３系の間合い運用を４８５系に変更、「しらさぎ」は全列車が４８５系化され、編成は普通車９両・グリーン車２両・食堂車１両の12連。さらに金沢止まりを１往復増発して７往復になった。

５８３系の４８５系への置き換えは、冬季の北陸本線の降雪による遅延で名古屋発着の寝台特急「金星」への転換・整備作業に支障をきたし、かつ雪害による運休が「金星」まで波及することもあっ

短期間だけ見られた583系「しらさぎ」の絵入りHM。昭和53年9月30日

普通車9両、グリーン車2両、食堂車1両の堂々12連で快走する「しらさぎ」最盛期の勇姿。東海道本線 木曽川―岐阜間。昭和55年５月10日

た。そこで５８３系の「金星」～「しらさぎ」～「金星」の運用を見直し、「金星」は昼間、神領電車区（現＝神領車両区）で〝ヒルネ〟させることになった。

昭和53年10月改正では電車特急の前面ヘッドマーク（ＨＭ）が絵入りとなる。その交換作業は改正前から実施し、５８３系「しらさぎ」の同ＨＭもしばらくは見られた。

なお、昭和57年（１９８２）11月15日の上越新幹線大宮暫定開業に伴うダイヤ改正で、金沢止まりの「しらさぎ」１往復（下り５号・上り10号）は不定期列車に格下げられた。

「しらさぎ」から食堂車が消える

国鉄は合理化の一環として、特急列車の食堂車の営業中止を進めていたが、昭和59年（１９８４）12月12日から「しらさぎ」でも実施。しばらくの間、食堂車サシ４８１形は営業休止扱いで編成に組み込まれたままだったが、翌60年（１９８５）３月14日の東北・上越新幹線上野開業に伴うダイヤ改正で正式に廃止され、編成から外されている。

ちなみに、昭和60年（１９８５）３月14日改正では、東海道新幹線「ひかり」の米原停車が増加。「加越」は昭和57年（１９８２）11月15日改正で７往復になっていたが、もう１往復増発の８往復に増強。「しらさぎ」は金沢止まりの不定期１往復を廃止し６往復（富山5往復・金沢1往復）となる。しかし、両列車を合わせ14往復が米原で「ひかり」か「こだま」と接続するようになった。編成は「しらさぎ」6往復のうち4往復が普通車指定席5両・普通車自由席3両・グリーン車1両の9連、同2往復と「加越」は普通車指定席3両・普通車自由席3両・グリーン車1両の7連とした。

なお、大阪発着の特急「雷鳥」も昭和60年（1985）1月に食堂車の連結を中止。捻出のサハシ481形の一部は掘りごたつ方式のアイデア車両、4人用お座敷風グリーン個室車のサロ481形500番代に改造。「和風車だんらん」の愛称で一部の「雷鳥」に組み込まれた。しかし、「しらさぎ」に連結されることはなく、大阪（関西）発着と名古屋（中京）発着の北陸特急に温度差があったのは残念である。

国鉄分割民営化直後の米原経由の北陸特急

昭和62年（1987）4月1日の国鉄分割民営化で、東海道本線の米原以東はJR東海、同以西はJR西日本。北陸本線はJR西日本が承継した。在来線の米原駅はJR西日本に帰属。名古屋発着の特急「しらさぎ」と米原発着の「加越」は金沢運転所の485系が受け持ち、運転本数・編成とも国鉄時代と同じだった。

米原発着の特急に速達タイプの「きらめき」が登場

民営化約１年後の昭和63年（１９８８）３月13日改正では、特急「しらさぎ」定期６往復全列車の運転区間が名古屋－富山間に統一された。また、東海道新幹線と連絡する米原発着の特急に、速達タイプの「きらめき」が登場した。米原－金沢間に１往復の新設で、途中は福井のみに停車。ダイヤは上り金沢発７時25分→米原着９時18分（新幹線は９時26分発ひかり３４２号に接続、名古屋着９時50分）、下り米原発21時12分→金沢着23時03分（新幹線はひかり３６５号が接続、東京発18時44分・名古屋発20時42分）だった。

485系リニューアル車を投入し金沢―米原間に新設された速達特急「きらめき」。金沢運転所。昭和63年2月3日（プレス公開時に電動車ユニット2組を連結した6連を撮影）

車両は座席間隔を拡大し、新塗装を採用した４８５系のリニューアル車を投入。全車指定席で編成は通常、普通車のみの４連。同列車は、同改正で金沢－長岡間に２往復新設された、上越新幹線「あさひ」に接続する「かがやき」とは姉妹列車だった。なお、前面ヘッドマークは「スーパーきらめき」と表示した。

「しらさぎ」は8往復に増発

平成元年3月11日改正では、米原発着の「加越」2往復を名古屋発着に変更し「しらさぎ」に統合。この措置により「しらさぎ」は定期8往復、「加越」は同6往復とし、「しらさぎ」は名古屋発8～11時台が1時間ごと、13～19時台の間は2時間ごとになる。同改正から両列車は共通運用化され原則、普通車指定席3両・普通車自由席3両・グリーン車1両の7連とした。なお、同改正では大阪発着の「雷鳥」系統に、パノラマ型グリーン車を連結した「スーパー雷鳥」が登場した。

一方、平成3年9月1日の七尾線直流電化完成に伴う改正では、「しらさぎ」1往復の運転区間が、富山着発から七尾線の和倉温泉（昭和55年7月1日、和倉から改称）着発に振り替えられた。前述の「スーパー雷鳥」は分割・併合可能な編成に変更、付属編成には〝ひょうきん車両〟クモハ485形200番代が組み込まれた。

「きらめき」「加越」の動向

平成3年3月16日改正では、「加越」1往復を「きらめき」化。「きらめき」は2往復となり自由席を新設。うち1往復にはグリーン車1両・普通車1両を連結し、4連から6連に増強。自由席は6連だと2両、4連は1両。停車駅は上り1号を除き大幅に増え、敦賀、武生（たけふ）、芦原温泉、加賀温泉、小松のほか、上り4号は松任（まっとう）にも停車するようになった。「加越」は5往復に減少し2往復は7連、1往復（1・4号）には雷鳥編成の9連（普通車指定席5両・普通車自由席3両・グリーン車1両）、もう2往復は「きらめき」編成の6連が充当された。

翌4年3月14日改正で、「きらめき」は2往復とも6連となり、うち1往復は鯖江に、その上り4号は松任にも停車。そして、平成9年3月22日改正で速達性が失われた「きらめき」を「加越」に統合して廃止。「加越」は7往復になったが1往復は7連、6往復には旧「きらめき」のグレードアップ車両（車体塗色は順次国鉄特急カラー化）を充当し6連か4連で運転した。

「しらさぎ」に国鉄メークで平屋タイプの先頭車が出現

平成9年3月22日改正時、「しらさぎ」は名古屋─富山間に8往復の運転で、JR西日本金沢総合車両所の485系（含む489系）7連（グリーン車1両を含む）を使用し、全編成が国鉄色だった。しかし、米原で東海道新幹線と接続するため列車によっては混雑が激しく、同改正では多客期の3往復に普通車2両を増結する9連の運用もできた。そこで同年10月1日改正では、この増結を米原での分割・併合に変更。増結車は普通車3両で、当該列車3往復（1・5・13、2・10・14号）は米原で大阪方に分割・併合を行い、名古屋―米原間は原則として基本編成だけの7連、米原―富山間は10連で運転した。

これは、同改正で大阪発着の「スーパー雷鳥」の分割・併合が減り、「雷鳥」編成も含めた大幅な編成変更が行われたためだ。このとき「スーパー雷鳥」は基本編成7両と付属編成3両が各3本に減ったものの、10両貫通編成が3本登場した。

そうした中、モハ485形の前位に運転台を設置した〝ひょうきん車両〟クモハ485形200番代を含むMM'ユニット1本は「スーパー雷鳥」の予備車としたが、残る同ユニット3本と連結相手のクハ481形200番代3両は、「しらさぎ」の増結用に転用するため余剰車などを集めて捻出した。そして、基本編成の大阪方には貫通型のクハ481形200番代、付属編成の富山方にはクモハ485形200番代を連結。増結用の付属編成は3両3本が用意され、電動車ユニットは方向転換を行い〝ひょうきん車両〟も車体塗色を国鉄メークに変更、485系のニュールックがお目見えしたのである。ちなみに、この増結は米原―富山間だが、年末年始やGWなどの超多客期には、名古屋まで基本編成7

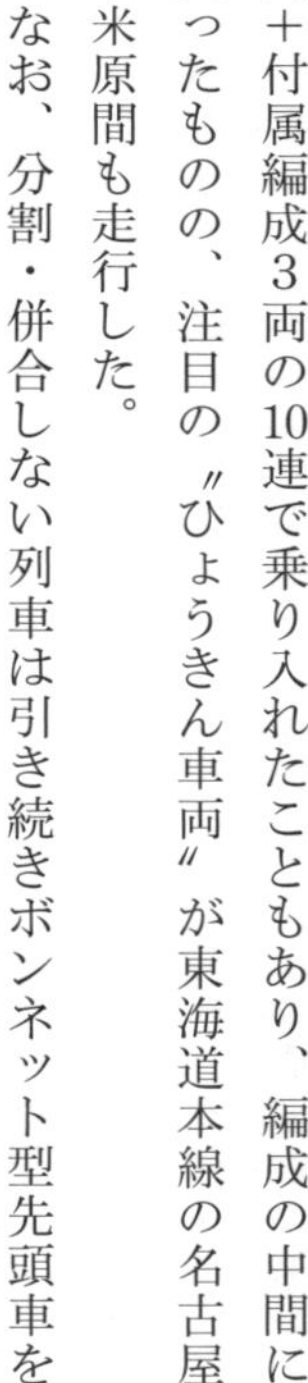

両＋付属編成３両の10連で乗り入れたこともあり、編成の中間に入ったものの、注目の〝ひょうきん車両〟が東海道本線の名古屋―米原間も走行した。

なお、分割・併合しない列車は引き続きボンネット型先頭車を使用する編成も活躍した。

「スーパー雷鳥」から転用した平屋車体の先頭車クモハ485形200番代。国鉄メークの“ひょうきん車両”だった。米原駅に進入する同車先頭の付属編成3両。平成9年10月18日

超多客期には付属編成を増結したまま名古屋まで乗り入れた。上り「しらさぎ2号」での光景。岐阜―木曽川間。平成12年8月16日

「しらさぎ」の分割・併合しない編成は、国鉄メークのボンネット型先頭車も絵入りHMを掲出して活躍した。北陸本線 湯尾―南条間。平成10年4月20日

「しらさぎ」はリニューアル車〝青サギ〟に交代

大阪発着の北陸特急「雷鳥」系統には、平成4年12月から485系の後継車でもある681系が活躍を開始。以後、増備が進む。そして、平成13年には681系の改良車の683系も登場した。また、同年3月3日改正では特急「スーパー雷鳥」を「サンダーバード」化して683系を投入、15往復に増強された。この措置により「スーパー雷鳥」に使用していたパノラマ型グリーン車、クロ481形2000番代（サロ489形1000番代改造）、同2100番代（サハ481形改造）を組み込んだ485系のリニューアル編成は定期運用から離脱したのである。

そこで、このグループは再改造のうえ名古屋発着の特急「しらさぎ」に転用されることになり、パノラマ型グリーン車を含む編成全体を方向転換し、基本7両編成×7本、付属編成で米原―富山間の増結用3両編成3本、総勢58両の改装が施工された。しかし、基本編成のうち1本はパノラマ車が不足するため、クハ489形300番代（301）を改造した非パノラマタイプのグリーン車、クロ481形2350番代（新区分車番・2351）を連結。座席はパノラマ車と同様、キングサイズで2&1の3列配置とした。

ちなみに、基本編成7本のうち増結用の付属編成と連結できたのは、大阪方先頭車に電

リニューアル車“青サギ”編成の大半は金沢・名古屋方にパノラマ型グリーン車を連結していた。名古屋駅で発車を待つ下り「しらさぎ」。平成13年10月12日

気連結器を装備したクハ４８１形２００番代が入った４本だけ。非パノラマタイプのグリーン車が入った１本を含む３本は非対応とした。

「しらさぎ」への転用に際し、「スーパー雷鳥」時代にパノラマ車の次位に連結していた旧「和風車だんらん」が前身のラウンジカー、サロ４８１形２０００番代は外され、代わりにモハ４８４形を電装解除したサハ４８１形６００番代（新区分車号）などが４号車に組み込まれ、サロ４８１形２０００番代に搭載していたコンプレッサーは新しい２号車のモハ４８５形５００番代（新区分車号）に移設された。

新しい「しらさぎ」は車体塗色を変更。地色はミルキーグレーで窓まわりに日本海と琵琶湖の水面をイメージした紺色（青）を配し、さらに側窓下部には海や湖に昇る太陽に見立てた細い黄色の帯を付加した。黄色（オレンジ）はＪＲ東海の

コーポレートカラーでもあり、名古屋直通を強調したのである。また、車内アコモも改装され、普通車指定席は原則として座席ピッチを910㎜から1010㎜に拡大した車両を連結、座席モケットの張り替えやカーテンの交換、トイレや洗面所も改装された。

リニューアル車の第1陣は、平成13年3月下旬に増結用の付属編成3両1本が落成、3月25日から国鉄メークの旧編成と混結で戦列に就いた。パノラマ型グリーン車は金沢・名古屋方に連結され、基本編成は7月から一部列車で使用を開始。同年9月12日には「しらさぎ」全列車がリニューアル車に置き換えられた。ちなみに、青い「しらさぎ」は斬新なカラーが好評で、通称〝青サギ〟と呼ばれて親しまれ、名古屋—富山間のほか1往復は七尾線の和倉温泉まで乗り入れた。

「しらさぎ」も〝サンダーバードタイプ〟に変身

名古屋から北陸方面へは、名神高速道路一宮ICから米原経由の北陸自動車道で、金沢西ICまでなら普通車だと約3時間で走れる。また、運賃が格安な北陸道高速バスの本数も多く、特急「しらさぎ」にとってクルマは手ごわいライバルとなった。

そこで、さらなるサービス向上を図るため、平成15年3月15日改正で「しらさぎ」も4

往復が〝サンダーバードタイプ〟の新製６８３系２０００番代に置き換えられ、同年６月1日からは残り４往復、同年７月19日からは米原発着の特急「加越」全列車も同系同番代車に統一された。

６８３系２０００番代は基本編成５両と付属編成３両で構成。「しらさぎ」の場合、東海道本線内は両編成各１組連結の８連だが、輸送力列車は米原で付属編成をもう１組増結し、北陸本線内は最大11連となる。「加越」は北陸本線内のみの運転だが、原則として基本編成のみの５連で運用された。

６８３系２０００番代の投入で、４８５系リニューアル編成（Ｙ編成）はわずか２年足らずの短命に終わり、名古屋から〝青サギ〟が姿を消している。

米原発着の「加越」を「しらさぎ」に統合

平成15年10月１日のダイヤ改正では、米原発着の特急「加越」を「しらさぎ」に統合して廃止。「しらさぎ」は旧「加越」タイプを１往復増発し、定期16往復の堂々たるエル特急に成長した。

このうち、名古屋発着８往復は１～16号、米原発着の８往復はプラス50・60番台を付記

雪化粧した伊吹山をバックに快走する683系2000番代の「しらさぎ」。東海道本線内は基本編成5両＋付属編成3両の8連で走った。近江長岡―柏原間。平成27年2月16日

して51〜66号とし、名古屋直通との区別は列車名の号数で識別した。

「しらさぎ」は全列車を683系2000番代で運転、編成は引き続き名古屋発着が原則8連、米原発着は同5連だった。

「しらさぎ」は旧「はくたか」編成と交代

平成27年3月14日、北陸新幹線の長野―金沢間が延長開業した。これに伴うダイヤ改正で、「しらさぎ」は金沢―富山・和倉温泉間を廃止、全列車が金沢止まりとなる。車両もそれまで活躍してきた683系2000番代は運用を離脱。バトンを渡したのは、改正前まで金沢

（一部は福井・和倉温泉）と上越新幹線の越後湯沢を結んでいた旧「はくたか」編成の681系０番代と、大阪発着の「サンダーバード」で活躍していた同じ681系０番代の一部。さらには、北越急行が所有していた681系2000番代と683系8000番代もJR西日本へ譲渡後、「しらさぎ」などに投入された。

これらの車両は転用に際し、側窓下の細い青帯（JR西日本のコーポレートカラー）に加え、〝青サギ〟時代から継承した細い黄帯（オレンジ色はJR東海の同）も配した〝しらさぎデザイン〟に変更。旧北越急行車については車体全体の塗替えも実施したが、塗替え過渡期は683系8000番代が旧北越急行色のまま米原発着の「しらさぎ」などに充当された。なお、それらの車両が塗替えのため工場（金沢総合車両所松任本所、吹田総合車両所）入りした期間は、量産先行試作車で吹田総合車両所京都支所の681系1000番代が金沢総合車両所に貸し出され、〝しらさぎデザイン〟の黄帯をまとい、平成27年３月から６月ごろまで「しらさぎ」用の681系０番代と共通運用されていた。

平成27年３月14日改正後の「しらさぎ」は基本編成６両、名古屋発着の系統は東海道本線内が基本編成のみの６連。多客期などは需要に応じ、米原発着の系統を含め北陸本線内のみ付属編成３両を増結し９連で運行している。

北陸新幹線金沢開業に伴う車両操配で、「しらさぎ」は旧「はくたか」編成をメインに681系などと交代。北陸本線内のみ基本編成6両＋付属編成3両の9連も走る。坂田—田村間。平成27年5月8日

旧北越急行車の683系8000番代もJR西日本へ譲渡され「しらさぎ」に転用。塗替え過渡期は同車が旧塗装のまま一部の米原発着列車に使用された。米原。平成27年5月8日

681系量産先行試作車はのち1000番代を名乗っているが、塗替え過渡期は暫定的に黄帯をまとい「しらさぎ」にも使用された。金沢。平成27年3月15日　写真：徳田耕治

エル特急の指定を解除

平成30年1月現在、「しらさぎ」はＪＲ西日本金沢総合車両所の６８１系をメインに運転し、ＪＲ西日本管内では唯一のエル特急だった。しかし、同じ北陸本線を走る大阪発着の「サンダーバード」は、平成7年4月21日に「スーパー雷鳥（サンダーバード）」の名で登場した時から自由席はあるが、「特急」として扱われてきた。

「しらさぎ」はＪＲ東海管内の名古屋発着で運転している列車もあるため、同社の「（ワイドビュー）しなの」「（ワイドビュー）ひだ」と共にエル特急を継承。市販の時刻表にはエル特急の「Ｌ」マークが記載されていた。しかし、列車の種別表示、駅の時刻表や発車案内などは「特急」のみを記載。自由席もあり気軽に乗れる庶民の足として定着していたため、平成30年3月17日改正でエル特急の指定を解除。「サンダーバード」と同様、特別急行「特急」に統合されたのである。

下り　湖西線・北陸本線・

列車番号	1808M	4003M				2804M	2804M	4005M	2806M			
列車名		特急 サンダーバード3号		L 特急 しらさぎ51号				特急 サンダーバード5号				L 特急 しらさぎ1号
前の掲載頁												
始発	‥	‥	‥	‥	‥		◆	‥	‥	‥	‥	‥
入線時刻 発車番線		645 (11)				土曜・休日運休	土曜・休日運転	723 (11)	土曜・休日運休			
大阪発	‥	700	‥	‥	‥			740		‥	‥	‥
新大阪〃	‥	704	‥	‥	‥			744		‥	‥	‥
高槻発	‥	715	‥	‥	‥			755		‥	‥	‥
京都発	724	729	‥	‥	‥	754	757	810	812	‥	‥	‥
山科〃	735	レ	‥	‥	‥	801	804	レ	819	‥	‥	‥
大津京〃	740	レ	‥	‥	‥	806	809	レ	825	‥	‥	‥

平成29年3月14日改正の時刻表には、北陸本線では「しらさぎ」のみ「Ｌ」マークが記載されていた。『JR時刻表』平成29年３月号（交通新聞社刊）

名車追想の旅

国鉄形「しらさぎ」の集大成　パノラマ特急〝青サギ〟で北陸へ

昭和末期、国鉄民営化の意欲を強調し、JR各社には続々、前面パノラマ式車両が登場した。JR東海も昭和63年（1988）3月、中央西線のエル特急「しなの」に既存のサロ381形を改造したパノラマ型グリーン車クロ381形を投入。この施策は大当たりし、その後のワイドビュー車両新製の布石となった。そうした中で北陸特急「しらさぎ」だけは、JR西日本の車両を使用しているためパノラマ車の導入は望み薄だったが、「雷鳥」系統の「サンダーバード」化で余剰となった元「スーパー雷鳥」用車両の大半を「しらさぎ」に転用。人気のパノラマ型グリーン車を含め内外をリニューアルして〝青サギ〟に変身、平成13年9月12日から全列車が置き換えられた。

伊吹山をバックに走る“青サギ”の勇姿。パノラマ型グリーン車が先頭の上り「しらさぎ」。東海道本線 近江長岡―柏原間。平成15年5月21日

名古屋は鉄道による前面展望文化を大衆化した発

祥の地。名鉄パノラマカーはその先駆車だが、「しらさぎ」にもパノラマ型グリーン車が投入され、ＪＲ東海の名古屋発着〝フォーライン特急〟（しなの、ひだ、しらさぎ、南紀）のすべてに前面パノラマ式車両が連結されたのである。それでは〝青サギ〟のパノラマ型グリーン車で北陸の旅へ出発進行！

●パノラマ型グリーン車の指定席確保は時刻表で確認！

平成13年10月１日ダイヤ改正時の「しらさぎ」は、定期８往復の運転で７往復は富山着発、１往復は金沢（津幡）から七尾線に直通し和倉温泉着発だった。名古屋発午前はほぼ１時間ごと、午後は同２時間ごとに走るエル特急で基本編成は７両。うち富山系統３往復は米原で付属編成３両を増結し、北陸本線内は10連で走っていた。

グリーン車は１号車だが、〝青サギ〟７編成中１本のみはパノラマ車が不足するため、非パノラマタイプを連結。パノラマ型グリーン車を連結しているのは、米原で分割・併合する前述の３往復（１・５・13、２・10・14号）と富山系統のもう１往復（11・８号）で、時刻表には「１号車はパノラマ型グリーン車です」と明記。残り４往復（３・７・９・15、４・６・12・16号）にその表示はなく、全区間を分割・併合ができない基本編成のみで運転。しかし、同編成でも3本中2本はパノラマ型グリーン車を連結していたので、パノラマ型に乗れる確率は意外に高かった。しかし、確実にパノラマ車の座席を確保するには時刻表で確認が必要。そこで1カ月前の発売日に、名古屋発10時05分の「しらさぎ5号」富山行きのグリーン車、1号車一人掛けの1番C席を確保した。

●米原までは昔の展望車の気分を味わう

乗車したのは10月の平日。北陸出張を兼ねた〝鉄旅〟で、現地では仕事で移動するためレンタカーを借りた。正直なところ、仕事の効率を考えると普段は利便性が高いクルマ族で、北陸出張だと昔も今も名神高速道路か東海北陸自動車道~北陸自動車道を飛ばしている。しかし、「しらさぎ」のパノラマ車に乗りたい願望から鉄道を選択。そこで旅費抑制のため、JR運賃2割引・料金1割引の「レール&レンタカーきっぷ」を利用した。

9時56分、名古屋駅4番線に「しらさぎ5号」富山行きが入線。485系の〝青サギ〟7両編成でJR西日本金沢総合車両所の所属。名古屋駅で夜行を除き、JR西日本の在来線車両が見られるのは「しらさぎ」のみ。同列車の上りは通常、名古屋到着後に東海道本線の熱田まで引き上げて清掃。のち折り返し下りの仕業に就くため、東京方から回送列車で入線する。１号車がグリーン車指定席、２～5号車が普通車指定席、６・7号車は普通車自由席だ。下り富山行きの場合、東海道本線の名古屋—米原間は1号車が最後部となる。座席は進行方向にセットされているが、あえて逆向きに回し後部展望を楽しむことにした。

パノラマ型グリーン車の座席は横３列、ガラス仕切りの運転室背後からキングサイズのシートが２&１で12列並ぶ。〝青サギ〟化によるリニューアルで座席モケットも張り替えられ、６８１系に準じた紫色のそれに変わりゴージャスなムードが漂う。床は「スーパー雷鳥」化の時にハイデッキ化され、ヘッドレストは小振りだが、いずれも前面展望を意識した気配り。国鉄形車両とはいえ民営化後の変身は素晴らしく、４８５系の最高傑作かも。

名古屋駅で夜行を除き、JR西日本の在来線車両が見られるのは「しらさぎ」のみ

10時05分定時発車。♪『鉄道唱歌』が流れ肉声の車内放送が始まる。チャイムはゼンマイ式オルゴール、〝青サギ〟はリニューアル車ながらも音色は国鉄時代の電車特急を彷彿させ、温かみがある肉声の案内も昭和の趣だ。「お待たせいたしました。特急しらさぎ5号富山行きで

す。停車駅は尾張一宮、岐阜、大垣、米原、敦賀、鯖江、福井、芦原温泉、加賀温泉、小松、金沢、高岡と終着の富山です。先頭が7号車、最後部が1号車……、米原からの北陸線内は進行方向が逆になります」。逆向きに座っていると、1号車の運転台で放送を流す車掌さんの様子が丸見えで、お互い視線には気を遣う。でも、フロントガラスがワイドなので後部展望もなかなかオツである。

名古屋駅のシンボル、JRセントラルタワーズがだんだん小さくなり、右手車窓には地下から顔を出した名鉄電車が追いかけてくる。やがて名鉄は蛇のようにS字カーブをきって東へ離れ、庄内川を渡ると近づき、枇杷島の手前でアンダークロスし西方へ消えていく。

まもなく車内改札が始まる。当時は下り1・3・5号と上り12・14・16号の3往復をJR東海の名古屋車掌区（現＝名古屋運輸区）、その他はJR西日本富山運転派出か金沢列車区の車掌が全区間を通し乗務し、下り5号は名古屋車掌区の担当だった。

「お座席の向きが逆ですけど、米原までは約1時間かかりますよ……」。

「お気遣いありがとうございます。最後部なので昔の展望車の気分を味わってます」。

1号車グリーン車の乗客はまばら、ビジネスマンらで一人掛け座席の半分は埋まっているが、二人掛けは隣の1番A・B席に年配のご夫婦がいるだけ。いずれも進行方向に座り、しぐさが異なる私に視線が向けられるのは当然かも。ちなみに、客車特急全盛期の展望車は最後部、往年の「つばめ」や「はと」を想像しながら東海道本線を下ることにした。

清洲付近では右手に〝現代版清洲城〟の天守閣が見え、ＪＲ東海在来線近郊型電車のスタンダード、３１３系の上り新快速とすれ違った。速度計は時速１１０㎞を超えているが、名古屋—岐阜間は「快速」（特別快速や新快速を含む）と普通が交互に毎時各４往復走り、どちらに乗っても先着する。近郊電車も最高速度は時速１２０㎞、スジは原則そちらが優先で、特急はそのすき間を走っており、昭和の名車４８５系も力走しないと追いつかれてしまう。ちなみに、名岐間は「快速」だと最速17分、特急は気動車で尾張一宮通過の「ワイドビューひだ」だと同17分。同駅に停車する「しらさぎ」は電車だが同19分。しかし、乗車中の「しらさぎ5号」は21分を要している。

枇杷島で消えた名鉄が左手から現れると尾張一宮に停車。そして愛知・岐阜の県境、木曽川を渡るとのち進路は西を向く。堂々たるノッポ高架で名鉄名古屋本線の高架を越えると岐阜に停車。右手前方には頂（いただき）に岐阜城を構える金華山が見える。続いて長良川、揖斐（いび）川を渡ると大垣に停まる。快速並みに停車するのが気になるが、座席は徐々に埋まってきた。

車内を巡回してみると普通車指定席、同自由席とも約5割の入り。どちらかといえば指定席の方が多い。指定席にはシートピッチ拡大車が組み込まれ〝青サギ〟の隠れた魅力だ。「しらさぎにもやっと雷鳥(スーパー雷鳥のこと)並みの車両が入りましたね。座ればわかりますけど、指定席だと座席の間隔が少し広いですよ。でも、この車両もお古ですけどね」。金沢出張に出かけるビジネスマンからは本音が聞けた。

岐阜から乗車した自由席のご婦人二人連れは、「私たち福井へ行くんやけど、名古屋から岐阜まで快速を使い、しらさぎは岐阜から乗れば特急料金が安くなるわよ」。自慢げにこんな〝お得〟を話してくれた。当時の自由席特急料金は名古屋—福井間2100円、岐阜—福井間だと1780円。差額320円で缶ビールかコーヒーが買える。昔も今も名古屋—大垣間は「しらさぎ」の少し前を「快速」が走っており、区間によってはこのような現象が生じるのだ。岐阜、大垣から乗った客には賢い〝乗り鉄〟がいたのである。

南荒尾信号場で東海道上り本線と垂井線、美濃赤坂支線と分かれ、進路は特急と貨物列車しか通らない勾配緩和の〝迂回線〟へ。同線は東海道下り本線に位置づけられた一方通行の〝単線〟で、緑濃い山あいを進み速度は幾らかダウンした。関ケ原で上り本線と合流。右手には伊吹山がそびえ、今津トンネルを抜けると滋賀県だ。柏原からは逆Uの字に進路をとり、近江長岡を経由し醒ケ井(さめがい)へ。この区間には伊吹山がバックの撮影名所が点在、最後部からいつものお立ち台が小さくなるのを観賞できるのはまるで異次元の世界だ。

北陸自動車道をアンダークロスし、右手から東海道新幹線、北陸本線が迫ってくると米原に着く。♪「……米原からは北陸線に入ります。進行方向が変わりますので停車中にお座席の回転をお願いいたします。米原では7分間停車し、7号車の隣に自由席8号車と指定席9・10号車の3両を増結します……」。米原到着は11時03分。東海道新幹線は同駅着11時01分の博多行き「ひかり101号」（東京発8時37分、名古屋発10時30分）と連絡、

付属編成の“ひょうきん車両”も“青サギ”に変身。米原駅での増結作業で「しらさぎ」のHMも見えた。平成13年10月12日

米原から乗車する人の多くは増結編成の乗車位置に並んでいた。旅慣れた人はこの7分間を利用し、井筒屋（米原駅の駅弁の老舗）が運営するホームの立ち食いうどんへ急ぐ。増結作業を見学する人もいるが、増結編成の8号車は〝ひょうきん車両〟クモハ485形の200番代。平屋車体ながらも洗練されたマスクが人気で、スーパー雷鳥色～国鉄特急色～青サギ色と3度目のお色直しをしての登場だ。在来線だと米原はＪＲ東海とＪＲ西日本の境界駅、運転士のみＪＲ東海からＪＲ西日本へバトンタッチした。

●パノラマ展望車で北陸路の旅を満喫

11時10分発車。米原では東海道新幹線からの乗継客がどっと乗り込み、増結編成を含みほぼ満席。1号車のグリーン車も約半分が埋まった。ズバリ「しらさぎ」は新幹線連絡特急のカラーが濃い。東海道区間は新幹線より時間はかかるが、名古屋方面から乗り換えなしで、通し乗車のため特急料金が割安なのが目玉。だが、福井、金沢へはほぼ1時間ごとに走る格安運賃の高速バスが強力なライバル。「しらさぎ」の〝青サギ〟化は高速バスを含めたクルマ対策だったようでもある。

さて、増結編成をつないだ〝青サギ〟は堂々10連で北陸本線を快走する。1号車が先頭になり、その最前席は座ったままで運転台かぶりつきの前方注視が楽しめる特等席だ。初代の直流～交流デッドセクション（死電区間、昭和37年12月28日～平成3年9月13日）があった田村を通過。左手には琵琶湖の湖面、右手には伊吹山を眺めながら琵琶湖東岸を快調に飛ばしていく。

まもなく左手には、現存する日本最古の鉄道駅舎で旧長浜駅舎の長浜鉄道スクエアが見える。ノスタルジックでモダンな街並みが人気の長浜は通過するが、その手前から力行するモーターの音色が消え、惰行運転が続く。エアコンの響きも静まり、室内灯が消え非常灯に変わる。この地点は長浜までの直流化で、平成3年9月14日に田村から移った2代目デッドセクション。2分弱の静寂ののち、生気を取戻すと交流区間を力走する。当時、京阪神からの新快速は長浜が終点。敦賀まで直流化されるのは平成18年9月24日で、現在は3代目デッドセクションが敦賀駅の富山方、北陸トンネル敦賀口付近に設置してある。

前面展望が素晴らしいパノラマ型グリーン車。北陸本線の直線区間を時速120㎞で快走中

木ノ本を過ぎ、北陸自動車道をアンダークロスすると右手にはかつての北陸本線で、通称・柳ケ瀬線跡の国道365号が並走。左手に余呉湖が見える辺りで国道と離れ、のち余呉トンネルを潜る。まもなく、大阪方面からの短絡ルートの湖西線と合流する近江塩津を通過、その堂々たる施設を眺めながら深坂トンネルに突入し、トンネルを出ると福井県だ。

新疋田（しんひきた）―敦賀間は北陸本線の撮影名所の一つだが、その最寄り駅の新疋田を通過すると、上り線は右手上方に離れ、〃青サギ〃は下り勾配の下り線を直進する。その後、ループ線の第一・第二衣掛トンネルにつながる上り線をアンダークロスすると、再び右手段上には上り線が近づき、さらに左手からは小浜線が迫って合流。11時40分、敦賀に到着した。日本海側で最初の大きな駅で交通の要衝。乗降もそれなりにあった。

敦賀の停車時間は数十秒。発車すると左手には旧線の杉津越えにつながる国道476号が並走。その深山信号場跡付近で北陸トンネルへ突入する。全長1万3870m、木ノ芽峠の直下を貫き、昭和37年（1962）6月10日に開通した。昭和47年（1972）に山陽新幹線の六甲トンネルが完成するまでは日本最長を誇り、闇の世界から解放されるまでには約7分かかった。

お昼も近くなり、車内販売員は弁当の販売に忙しい。米原以北では北陸トラベルサービスが乗車し、うとうと気分の眠気を破る北陸の味覚を出前している。北陸本線は駅弁の種類が豊富で、福井の「鯛寿司」、金沢の「柿の葉すし」、富山の「ますのすし」などは定番のようだ。また、ジェイアール西日本フードサービスネットが全区間乗車し、アルコールやソフトドリンク、おつまみなども販売。私も缶ビールで一杯やりたかったが、レンタカーの運転が待っているため「鯛寿司」で舌を喜ばせ、酒気の誘惑を我慢しお茶で喉をうるおした。ちなみに、北陸本線の車内販売は平成26年9月15日に廃止されている。

食後は再度、車内巡回へ。目指すは8号車の自由席で、そのクモハ485形200番代は、モハ485形のトイレと洗面所をカットし新造の運転台ユニットを接合した〝ひょうきん車両〟。運転室とデッキ、続くデッキと客室の間はワイドな窓。その客室側の仕切り戸はガラス張りで、先頭車なら前面展望が楽しめよう。貫通扉には「しらさぎ」の愛称も掲出、増結用の付属編成ながらも連結間に入っているのがかわいそうだ。

基本編成と増結編成のユニークな連結部。運転台の高さが異なる両編成間だが幌を装備し貫通している。北陸本線 牛ノ谷―大聖寺間。平成13年8月10日

●気軽に乗れる庶民の速足（はやあし）

メガネの町の鯖江に停車後、高架工事中の福井には12時14分着、県都＝福井市の玄関だけに乗降は多い。1分停車ののち、福井平野の直線区間は時速120㎞で疾駆。この先は芦原温泉、石川県に入ると加賀温泉、小松とこまめに

停車する。著名温泉地や中小都市の玄関駅が点在し、福井―富山間は北陸本線のシティ電車区間でもある。しかし、昼間の普通列車は毎時1往復の区間もあるのに、特急は大阪からの「サンダーバード」「雷鳥」、米原方面からの「しらさぎ」「加越」を含めると毎時2〜3往復走る〝特急街道〟だ。いずれも自由席があり、富山以西は定期券でも自由席特急券を買えば普通車自由席に乗れるため近距離利用客も多い。「サンダーバード」にエル特急の冠称は付いていないが、気軽に乗れる庶民の速足であることは同じ、広義ではエル特急の仲間だ。小松市の玄関で、駅の脇に重機メーカー「コマツ」の工場がある小松からは、自由席に大勢の人が乗り込んできた。

♪「まもなく金沢に到着いたします。七尾線の羽咋（はくい）、七尾、和倉温泉方面はお乗り換えです……」。モダンなノッポビルが増え、真新しい高架に上がると北陸の中枢で経済・観光都市の玄関＝金沢に着く。13時04分、7番線に入ったが、6番線には6分後に「しらさぎ5号」の後を追う、北越急行ほくほく線経由の越後湯沢行き「はくたか11号」が停車していた。車両はJR西日本485系リニューアル編成の8連。それは北陸本線で色違いの485系が共演する末期の光景だった。わが〝青サギ〟の乗客は大半が下車したが、自由席の並び位置には意外に多くの人が待っていた。これぞエル特急に相応しい現象かも。

パノラマ型グリーン車が先頭の下り“青サギ”。付属編成を増結し北陸本線内は堂々10連で走る「しらさぎ5号」。牛ノ谷—大聖寺間。平成14年7月26日

古くて新しい城下町、金沢にマッチした琴が奏でる発車メロディーが流れ、２分停車ののち発車。指定席は空席も目立つが自由席は７割程の入り。倶利伽羅峠を越えると富山県で、砺波（となみ）平野を飛ばすと県内第二の都市、呉西地区の中心の高岡に停車する。ここでも乗降があり、自由席は乗客が入れ替わる。そして、ラストコースは広大な富山平野を快走。神通川を渡ると、富山県の県都でくすりの町の富山に着く。13時43分、６番線に定時到着したが、ホームで写真を撮っていると金沢から追いかけてきた「はくたか11号」が島式ホームを挟んだ５番線に入線。ホームタッチで乗り換えができ、魚津、糸魚川方面への連絡も便利だ。これぞ一昔前の〝特急街道〟北陸本線の黄金時代を物語るヒトコマだった。

コラム　「スーパー雷鳥」とその車両たち

●北陸本線のパノラマ特急

北陸自動車道の高速バスに対抗するため、平成元年3月11日のダイヤ改正で登場したのが485系のグレードアップ車を使用した特急「スーパー雷鳥」だった。大阪—富山間の運転で、最高速度は「雷鳥」の時速120㎞から同130㎞（湖西線内と北陸トンネル走行時）にアップ。車両は既存の交直両用電車485系を改造。車体塗色は北陸の雪をイメージする白を基調に、ブルーとウエンズピンクの帯を入れた軽快ないでたち。パノラマ型グリーン車やフリースペースのラウンジカーを連結し、鉄道の持ち味の「ゆったり快適な旅」をセールスポイントにした。

登場時は4M3Tの7両編成が4本用意され金沢運転所（現＝金沢総合車両所）に配置。富山方先頭車の7号車は、キングサイズのリクライニングシートを2&1の3列に配置したパノラマ型グリーン車（Tsc）。次位の6号車はラウンジ付きグリーン車（Tsb）で、中央の仕切り壁を境に富山方が同じ座席の半室グリーン席、大阪方半分は車端がビュフェスタイルのラウンジルーム。続く5〜1号車は普通車で1号車はクハ（Tc）、ほかはモハ（MM'）。5〜3号車の指定席は座席の床をハイデッキ化しシートピッチも拡大。2・1号車は自由席で、座席は新型リクライニングシートに交換し、指定席は傾斜角度が25度となる。

パノラマ型グリーン車の前面は、後退角50度の大型ガラスを使用しスピード感あふれるデザイン。運転台越しながらも客室からの前方視界は素晴らしく、最高時速130㎞で疾駆する勇姿はズバリ〝北陸の覇者〟。種車はサロ489形の1001・1006・1003号車とサハ481形の118号車で、改造後は前車がクロ481形2001・2002・2003号車、後車がクロ481形2101号車となる。このため前車と後車では側窓のサイズが異なる。ちなみに、ラウンジ付きグリーン車の種車は「和風車だんらん」のサロ481形500番代で、サロ481形502～505号車は改造後2001～2004号車になる。なお、7両編成で登場したが、平成2年3月10日改正ではMM'ユニットを加え9両編成になった。

●"ひょうきん車両"も登場

平成3年9月1日、七尾線　津幡―和倉温泉間59・5㎞の直流電化が開業しダイヤ改正が行われた。大阪からは「スーパー雷鳥」が和倉温泉まで直通するようになったが、七尾線の設備事情で、基本編成7両＋付属編成3両の分割可能な編成に変更するため、平成3年1～8月に

北陸道の高速バスに対抗しパノラマ型グリーン車を連結し北陸本線を疾駆した「スーパー雷鳥」。基本7両＋付属3両の10連。大聖寺―牛ノ谷間。平成7年4月21日

付属編成には平屋車体の先頭車"ひょうきん車両"クモハ485形200番代を連結。富山地鉄に乗り入れ3連で社線内特急に活躍した光景。相ノ木―上市間。平成3年9月8日

中間電動車（M）を制御電動車（Mc）に改造する工事が吹田・松任工場で実施された。種車はモハ485形の219・220・235・236・246・247・239号車の7両で、改造後はクモハ485形201～207号車となる。

ところで〝ひょうきん車両〟のクモハ485形200番代だが、貫通型の切妻タイプながらも洗練されたマスクが印象的、前面展望を確保するため搭載機器の一部は床下に移設された。パノラミックウインドウを採用し、デッキからは運転台かぶりつきの前方注視が楽しめた。

七尾線直流電化時には、パノラマ型グリーン車2両を追加改造（クロ481形2004・2005号車）し、基本編成7両は6本、付属編成3両は7本になる。七尾線直通は7往復のうちの3往復で、金沢で分割・併合を行い基本編成の7両が和倉温泉へ。付属編成の3両は富山行きだが、4往復は基本編成7両も富山まで行った。また、観光シーズンには富山地方鉄道の宇奈月温泉・立山まで乗り入れた。

堂々10両固定の貫通編成もいた。北陸本線 大聖寺―牛ノ谷間。平成10年6月21日

平成7年4月20日改正では編成の方向転換を実施し、パノラマ型グリーン車は大阪方に変更。分割・併合をしない編成は10両固定の貫通編成となる。このとき681系量産車を使用する「スーパー雷鳥（サンダーバード）」も登場した。なお、〝ひょうきん車両〟を含む付属編成の一部は「しらさぎ」の増結用に転用された。

●「スーパー雷鳥」の車両は「しらさぎ」に転用

平成13年3月3日のダイヤ改正で新形式683系が登場。「サンダーバード」の増発で「スーパー雷鳥」は姿を消し、パノラマ型グリーン車を含むグレードアップ編成は定期運用を離脱。ラウンジ付きグリーン車サロ481形2000番代6両は廃車となった。しかし、幸運にも残る仲間の多くは再改造のうえ「しらさぎ」に転用され〝青サギ〟に変身。だが、ここにも683系が進出し、その活躍は2年足らず。平成15年7月19日までに「しらさぎ」全列車が同系化された。

●パノラマ車は「雷鳥」で最後の活躍

パノラマ型グリーン車を含む基本編成は平成15年3月15日、「しらさぎ」の第1次683系化で余剰となった3本が京都総合運転所に転属。またも方向転換のうえ9両貫通編成化され、車体カラーを国鉄特急色に変更。パノラマ型グリーン車は「雷鳥」用9両編成の大阪方先頭車に連結され、装いも新たに同年6月1日より「雷鳥」に復帰した。残り3本も6月以降に順次転属し、9月20日までに9両編成6本が出揃った。この時、「加越」から転用した非パノラマ型グリーン車も別の雷鳥編成の大阪方先頭車に転用。この措置により「雷鳥」から485系ボンネット型先頭車が運用を離脱している。

しかし、「雷鳥」も「サンダーバード」化の波にのみ込まれ、683系4000番代の大量投入で平成22年3月13日改正では1往復を残すのみとなり、基本編成も6両に短縮。翌23年3月12日改正で「雷鳥」は廃止、パノラマ型グリーン車も廃車となり運命を共にしたのである。

●〝ひょうきん車両〟の動向

〝ひょうきん車両〟クモハ485形200番代は「しらさぎ」から撤退後、〝青サギ〟用の3両と旧「スーパー雷鳥」用だった3両の計6両が直流化されクモハ183形200番代となる。一部の仲間も引き連れ福知山運転所電車センター（現＝福知山電車区）へ転属、平成15年10月1日から北近畿地区の特急に充当された。

同車両を含む仲間は3両編成で、分割・併合がある山陰本線～舞鶴線直通の特急「まいづる」（京都─東舞鶴・京都─綾部間は「たんば」などに併結）をメインに活躍。しかし、287系の投入により平成23年3月12日改正で引退、同年10月までに廃車となった。

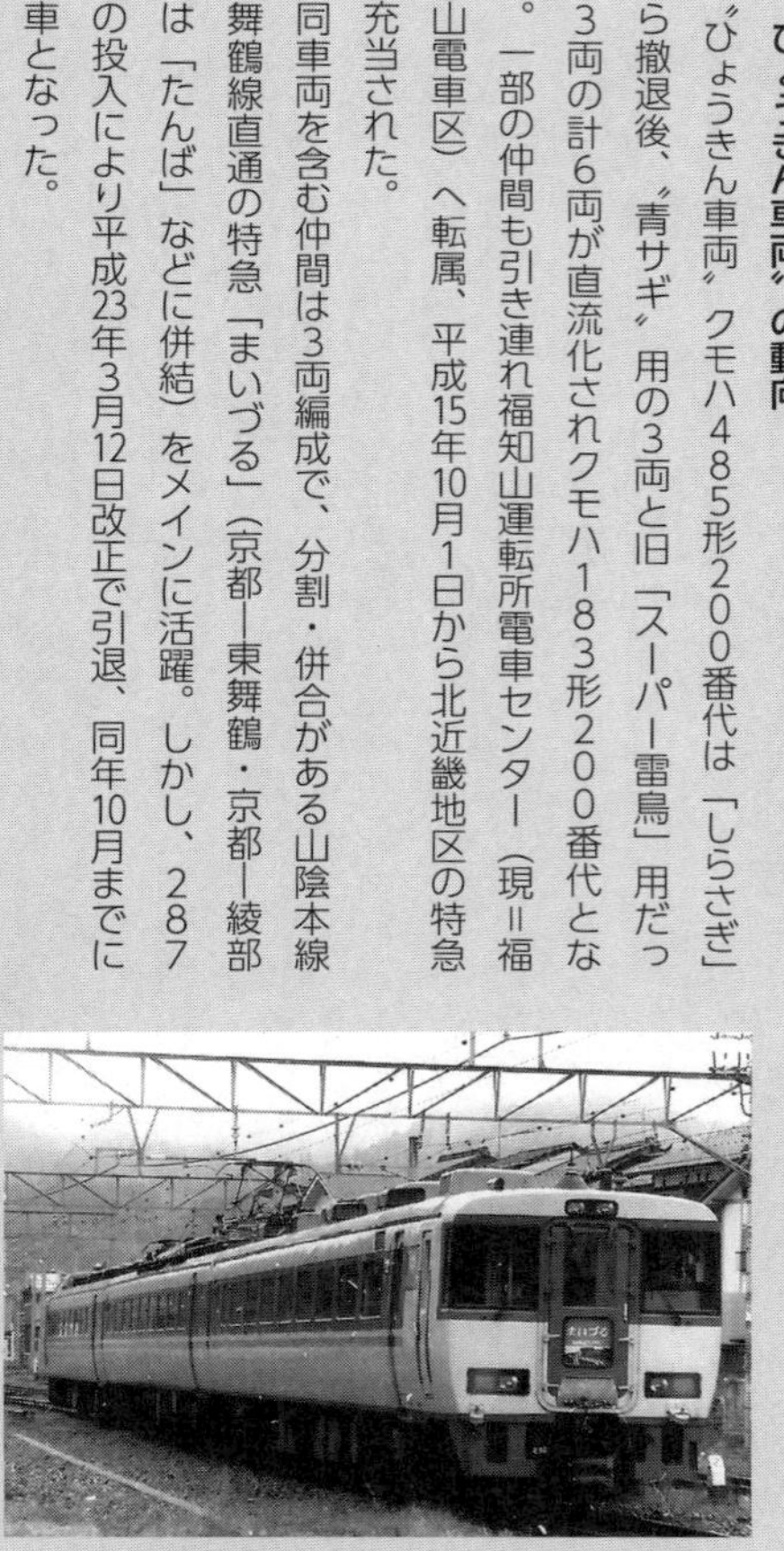

“ひょうきん車両”は晩年、直流化されて183系となり北近畿地区で活躍した。舞鶴線の特急「まいづる」。綾部。平成22年10月25日

ここに注目！

「しらさぎ」にも活躍する〝サンダーバードタイプ〟の特急形電車の概要

681系

長年にわたり北陸本線で活躍してきた交直両用の特急形電車、485系の後継車として、平成4年にJR西日本が開発した高速タイプ（設計最高速度は時速160km）の新鋭車両が681系である。新潟県の第三セクター北越急行も平成8年にJR乗り入れ用として681系2000番代を新造したが、平成27年3月14日付けでJR西日本へ譲渡された。

●量産先行試作車（現＝1000番代）

平成4年に量産先行試作車が登場。鋼製車体で先頭車は前面がワイドな曲面1枚ガラスを採用。前部密着連結器は格納式でカバーも付き、スカートまで一体化した流線型のマスクはスピード感を強調。側窓はワイドな連続窓。車体塗色はウォームグレーを地色に、窓下にはブルーとベージュの細い帯を配している。

VVVFインバータ制御で電圧形PWMインバータを使用。同装置はM車（電動車）に搭載され、モーター1つを同装置1基で個別制御する。集電装置（下枠交差式パンタグラフ）・主変圧器・主整流装置などはTp車（付随車）に、補助電源装置のSIVや空気圧縮機（CP）はT車（付随車）に搭載。1編成9両で1ユニットはT車＋Tp車＋M車の3両、クロ681形を金沢方先頭車とした。トイレ・洗面所のある車両は0番代、座席・乗降台のみの車両は100番代、その他の設備のある車両は200番代とした。

平成4年12月26日から特急「雷鳥」の臨時列車85・90号として暫定営業を開始。その後、量産車が登場した平成7年3月には1000番代（既存番号にプラス1000）に改番。編成ごと方向転換され、クロ681形が大阪方先頭車となり、平成7年4月21日改正から本格運用に就いた。

平成13年には量産車に合わせた分割編成化改造も施工。サハ2両には運転台を新設し、改造サハのほか既存車の改番も実施した。

長らく金沢総合車両所にいたが、のち吹田総合車両所京都支所へ転属。平成27年3月14日改正で再度編成全体を方向転換し、クロ681-1001が金沢方先頭車となる。基本編成6両（W01）、付属編成3両（V01）とも同改正から金沢総合車両所に貸し出され、旧北越急行車の681系2000番代や683系8000番代の塗替え入場を補完。暫定的に〝しらさぎデザイン〟をまとい「しらさぎ」などに充当された。返却は平成27年6月10日。その後、付属編成（V01）は同年9月9日付けで廃車になった。

●量産車（0番代）

平成7年3月には量産車が登場した。9両編成だが、七尾線直流電化に伴う同線乗り入れを考慮し、基本編成6両＋付属編成3両の分割・併合可能なタイプとなる。当初、七尾線乗り入れは基本編成を充当したためクロ681形は大阪方に連結。また、6・7号車には貫通型で運転台のある先頭車が組み込まれた。非貫通型先頭車はマイナーチェンジされ、運転台の側窓を台形タイプに変更。貫通型先頭車の幌は収納式で、前面には観音開きの貫通扉のカバーも付いた。

基本システムはM車・Tp車・T車の3両だが、主回路と補助電源関係をM車＋Tp車のユニットに収め、

T車は編成の中ならどの位置にも組み込めるようにしてある。MT比は1：2のままで、補助電源装置（SIV）は低騒化された。客室はグリーン車が2&1の3列座席で、当時は5インチの液晶モニターを付けていた。普通車は2&2の4列座席だが、シートピッチは970㎜で485系より60㎜拡大した。

平成7年4月20日改正から量産先行試作車と共に特急「スーパー雷鳥（サンダーバード）」として営業運転に就き、全区間で最高時速130㎞運転も開始。大阪ー金沢間（湖西線経由）を最速2時間29分に短縮した。ちなみに、当時の「雷鳥」系の運転本数は「スーパー雷鳥（サンダーバード）」8往復、「スーパー雷鳥」4往復、「雷鳥」11往復だった。

平成9年3月22日改正で、「スーパー雷鳥（サンダーバード）」は「サンダーバード」に列車名を変更。同改正に合わせ北越急行ほくほく線（六日町ー犀潟（さいがた）間59・5㎞）が開業し、上越新幹線の越後湯沢と金沢をほくほく線経由で結ぶ特急「はくたか」の運転を開始した。681系は「はくたか」用として基本編成6両2本（W01・02編成）と付属編成3両2本（W11・12）の18両

大阪方にクロを連結していた頃の681系0番代。基本編成6両＋付属編成3両の9連で走る上り「サンダーバード」。北陸本線 南条ー湯尾間。平成26年12月28日

を増備。北越急行も自社所有の681系2000番代（後述）を18両用意し、この増備をもって681系の新製は終了した。ちなみに、同改正で681系「はくたか」の速達タイプは、同社線内で最高時速140㎞運転を開始。翌10年12月8日改正では、同150㎞にアップした。

平成13年3月3日改正では、681系を改良した683系（後述）が登場。同系は基本編成6両4本と付属編成3両4本の合計36両を「サンダーバード」に投入。同列車は15往復に増発され「スーパー雷鳥」は廃止、大阪―富山・和倉温泉系統の特急は「サンダーバード」に統一された。

683系は平成13年12月から翌14年2月にかけて、基本編成6両2本と付属編成3両2本18両を増備。681系で運転していた「サンダーバード」の一部を683系に置き換え、捻出の681系18両は「はくたか」に転用された。また、平成14年3月22日改正ではJR西日本が受け持つ485系を681系に置き換え、同系「はくたか」のほくほく線内最高速度を時速160㎞に引き上げ、狭軌1067㎜軌間では日本最高速の運転を開始。同線走行車にはGG（高速進行）信号が現示できるようトランスポンダ（送信機と応答機など）を搭載し、トンネル区間を高速通過時の「耳ツン」防止策として車体の気密性も高くした。

平成27年3月14日の北陸新幹線金沢開業に伴い、681系の旧「はくたか」編成は前述の〝しらさぎデザイン〟に変更。「しらさぎ」をメインに七尾線の「能登かがり火」、北陸本線の通勤特急「ダイナスター」などにも活躍している。

●681系2000番代

平成9年3月22日の北越急行ほくほく線の開業に備え、同社が平成8年8月～12月に新造したのが

681系2000番代だ。JR西日本681系0番代とはほぼ同一仕様で、基本編成6両2本（N01・N02）と付属編成3両2本（N11・N12）が登場した。

車体塗色は、前面および側窓・裾部の帯などをレッド系に変更。車両愛称を「スノーラビット エクスプレス」（Snow Rabbit Express）と名づけ、車体には「SRE」とユキウサギのロゴが施された。

しかし、車両整備と検査はJR西日本の金沢総合車両所に委託され、全車が同所に常駐。開業後数年間はJR西日本車と運用を分離していたが、平成14年3月22日改正から共通運用になった。

平成27年3月14日の北陸新幹線金沢開業に伴いJR西日本へ譲渡。「しらさぎ」塗装に変更され、前述の681系0番代の旧「はくたか」の仲間とは歩を共にしている。

683系

平成13年3月、681系をベースに種々改良を施した683系が登場。車体はアルミニウム合金となり、台枠や構体は中空トラス断面のダブルスキン構造を採用した。屋根断面は全形式で平滑化、屋根の高さは60㎜下げて床面を低くし681系より低重心化を図る。空調装置は全形式が屋根上一体型とした。先頭車は貫通型と非貫通型がいるが、非貫通型の前面連結器も露出タイプになった。VVVFインバータ制御だが、走行用モーターと補助電源装置（SIV）を一体化。主電動機は急勾配路線への投入も考慮し、681系の220kWに対し大容量の245kWを採用。台車は空気バネ上部の高さを少し下げたタイプを履いている。

すべての先頭車に自動解結装置を設置。681系との混結は車両単位では不可能だが編成単位では可能。

バリエーションは０番代・２０００番代・４０００番代・８０００番代があり、「しらさぎ」関係は２０００番代・８０００番代が該当する。しかし、２０００番代はのち直流化され、２８９系に形式変更された（後述）。

●０番代

平成13年1～2月に基本編成6両4本（T21～T24）と付属編成3両4本（T31～T34）の合計36両が登場。同年3月3日改正で「スーパー雷鳥」の「サンダーバード」化が成る。同年12月～翌14年2月には、JR西日本が受け持つ「はくたか」用485系8両編成2本の置き換え用として、基本編成6両2本（T25・T26）と付属編成3両2本（T35・T36）の合計18両が増備された。増備車は「サンダーバード」に投入し、「はくたか」には前述のように玉突きで681系0番代を充当。なお、基本編成の先頭車クロ683形は非貫通型である。

平成21年10月～同23年3月までに、全車が京都総合運転所に集結。編成番号は基本編成がT21～T26→W31～36、付属編成はT31～T36→V31～V36に変更。平成27年3月14日改正で編成全体の方向転換を実施し、グリーン車のクロ683形は金沢方先頭車になる。現在、「サンダーバード」をメインに「ダイナスター」「能登かがり火」に活躍中。

●２０００番代（しらさぎ用）

「しらさぎ」のグレードアップを図るため、新仕様で新製されたのが683系2000番代だった。名古屋発着の特急は大阪発着のそれより輸送単位が小さいため、基本編成は5両になる。平成14年11～12月に基本編成（2M3T）5両4本（S01～S04編成）と付属編成（1M2T）3両6本（S21～S26編成）の合計38両が登場、翌15年3月15日のダイヤ改正から「しらさぎ」4往復に投入された。

米原でのスイッチバックや分割・併合の都合で、基本編成の先頭車で非貫通型のクロ682形、付属編成の同クハ682形は富山・名古屋方に連結。これは当時の大阪発着の「サンダーバード」などとは編成が逆になった。パンタグラフは下枠交差型のWPS27Cをクロ682形（Tpsc）、サハ682形（Tp2）、クハ682形（Tpc）に搭載。車体塗色は側窓下の帯に青のほか黄（オレンジ）も付加し名古屋直通を強調した。

平成15年4月～5月には基本編成4本（S05～08編成）と付属編成2本（S27～28編成）の26両を増備。同年6月1日から残りの「しらさぎ」4往復にも投入し、「しらさぎ」全列車を683系化。さらに、同年6月～7月には基本編成4本（S9～S12編成）と付属編成1本（S29編成）の23両を増備し、同年7月19日から米原発着の「加越」全列車の683系化も成る。なお、「加越」は同年10月1日から「しらさぎ」に統合された。

「しらさぎ」に活躍した683系2000番代は、前述の

「しらさぎ」用に新製された683系2000番代。付属3両＋基本5両の8連の上り「しらさぎ」。北陸本線 南条―湯尾間。平成26年12月7日

ごとく平成27年3月14日の北陸新幹線金沢開業に伴うダイヤ改正で運用を離脱。その後、直流化改造が施工されて289系となり、平成27年10月31日から関西地区の特急用として紀勢本線「くろしお」、北近畿ビッグXネットワークの山陰本線「きのさき」、舞鶴線直通「はしだて」、福知山線「こうのとり」などで活躍を再開した。

●2000番代（サンダーバード用）

大阪発着の「サンダーバード」増結用として、平成17年3月に683系2000番代の付属編成3両4本（R10～13編成）12両が新製された。「しらさぎ」用S編成とは向きが逆で、クハ682形が大阪方先頭車となる。しかし、車両番号はS編成からの連番で、車体塗色はT編成と同じ青の帯のみ。金沢総合車両所に配置され、「サンダーバード」の増結や波動用に活躍中。

●8000番代

「はくたか」の一部はJR東日本の485系3000番代も使用されていたが、北越急行がその置き換え用として平成17年2月に新製したのが683系8000番代だった。681系2000番代の増備車の位置づけで、細かな相違

北越急行683系8000番代はJR西日本へ譲渡後「しらさぎ」塗装に変更され同じ車号で活躍中。681系が主力の「しらさぎ」では唯一の683系だ。東海道本線 岐阜ー木曽川間。平成29年1月1日

はあるものの、車体塗色・車両愛称などはほぼ同じ。683系では唯一、ほくほく線内で最高時速160km運転を行った編成で、キャリア式ディスクブレーキも装備。基本編成6両（N13編成）の各1本計9両の小世帯で、本籍は北越急行の六日町運輸区だったが681系2000番代と同様、JR西日本金沢総合車両所に常駐し、整備や検査も同社に委託されていた。

北陸新幹線金沢開業では681系2000番代と共にJR西日本へ譲渡され、「しらさぎ」などに転用。同グループの681系と同様、中間電動車の3号車と8号車（モハ683形）の入れ替えも行われた。

●4000番代

485系「雷鳥」の車両置き換えのため、平成21年2月～同23年7月に9両編成12本（T41～52編成）を新製。683系4000番代は基本9両貫通編成で、両端先頭車とも貫通型だが、大阪方（現＝金沢方、平成27年3月14日に方向転換）のクロ683形は準備工事のみで、観音開きの貫通扉カバーを含め開閉はしない。集電装置にはシングルアームパンタを採用し、他の番代との識別がしやすい。大阪発着の「サンダーバード」をメインに活躍。現在は順次、リニューアル改造を施工中だ。

「サンダーバード」の主力車両に位置づけられた683系4000番代リニューアル編成。東海道本線 京都。平成29年12月29日　写真：徳田耕治

特別寄稿

「エル特急」最後の〝名列車〟を考える

須田　寛

平成30年3月17日のJRダイヤ改正で、JRの一部の特急列車グループに副呼称として付けられていた「エル（L）特急」の名が消滅した。「エル特急」の名が付けられたのは昭和47年（1972）10月2日、旧国鉄のダイヤ改正で全国各線の特急が増発された時であった。

その「エル特急」の最後を飾ったのは、本書のテーマの〝名古屋発ゆかりの名列車〟ともいうべき、名古屋始発の「しなの」「ひだ」「しらさぎ」の3列車となった。筆者は「エル特急」の命名当時、国鉄本社の担当課長だったので、「エル特急」命名までの経緯、この3列車の「エル特急」指定に至るまでの思い出、裏話などを紹介してみたいと思う。

「エル特急」命名の背景と経緯

昭和47年といえば、国鉄は既に赤字経営に陥っていたが、その財政難が一段と深刻化する節目の年であったと思う。同年3月には、難行していた山陽新幹線の工事がようやく岡山まで完成し部分開業した。また、昭和45年（1970）から始めた国鉄の乗客誘致キャンペーンとして名高い「ディスカバージャパン」が成功を収め、観光地が賑わいを取り戻し、房総線電化の竣工もあり、観光路線が久しぶりに活況を呈した頃であった。さらに、世界最大級の大容量座席予約システム「マルス105」の始動により、「座席」販売力が飛躍的に増強されるなど、国鉄にとっては比較的明るい話題も見受けられる年でもあった。

しかし、昭和47年4月に予定していた平均23％の運賃値上げが国会混乱の余波を受けて廃案となり、それによる大幅な収入欠陥のため国鉄の赤字が急増した年となった。そこでまだ旺盛だった需要に応えるため、昭和45年の大阪万博（日本万国博覧会）のために増備した車両を重点線区に再配置し、需要の集中する新幹線と在来線主要路線の特急列車を増発。販売力（マルス）もそこに結集して営業活動に全力をあげ、いわば国鉄全社をあげての〝大売出し〟を展開することになったのである。

この目玉となったのが、第一は岡山まで延伸された東海道・山陽新幹線の新ダイヤ（新幹線に郊外電車型ダイヤを導入）、改札内「ひかり」「こだま」相互乗り換え可能となる統一特急料金適用（「ひかり」「こだま」料金の統合など）。第二は在来線特急列車の思い切った増発と、この特急列車群を新幹線と並ぶ国鉄の目玉商品として位置づけ、完全販売と需要誘発を図る、の2点だった。「エル特急」はこのための在来線特急列車のブランドネームとして登場した。すなわち、在来線特急列車群に独立した商品グループとしてのイメージを作り、これを大量販売につなげようと考えたためである。なお、特急列車群は系統ごとに収支計算を行い、収入目標値も設け、その実績をチェック・トレースする体制づくりも検討した。

当時の「エル特急」のキャッチフレーズは、「①数自慢、②かっきり発車、③自由席」だった。少なくとも2時間間隔以内の等時隔ネットダイヤ方式の系統をそれに指定し、毎時の発車時分もできるだけ揃え、いつでも気軽に利用できる自由席車も連結することにしたのである。そして、全社をあげ「エル特急」利用促進キャンペーンを展開。時刻表の特集ページ、小型の「エル特急時刻表」の配布、「エル特急商品」の新設（競争条件を考え、運賃法の許容範囲内で「エル特急往復割引きっぷ」や「エル特急回数券」などの設定）、TVコマーシャルも流すほか、「エル特急」グッズの販売などの集中宣伝も行った。特に当時の新幹線のサービスポイントでもある、①高頻度（数自慢）、②ネットダイヤ（かっきり発車）、③自由席、この3要素を備える「エル特急」は、『新幹線なみのサービスを在来線でも提供する列車』という点から「エル特急」のロゴマーク「L」は、新幹線の0系前頭のシルエットになった。

昭和47年10月2日改正から、東北本線の「ひばり」(上野－仙台)や上越線の「とき」(上野－新潟)など、9系統を「エル特急」に指定して出発した。幸い観光ブームにのれたことや、オイルショックで自動車の利用が制約されたこともあり、「エル特急」指定の系統には明らかな利用増がみられた。このため各地から「エル特急」指(設)定への要望が殺到。嬉しい悲鳴を上げることになった。「エル特急」は順調に育ち、新幹線・大都市圏国電と並び、当時の国鉄目玉商品の三本柱の一つにまで成長していったのである。

〝名古屋発ゆかりの名列車〟も「エル特急」へ

昭和47年10月、「エル特急」は発足した。しかし、〝名古屋発ゆかりの名列車〟の「しなの」「ひだ」「しらさぎ」は既に運行していたものの、発足時には「エル特急」には指定されなかった。それは等時隔ネットダイヤとはまだほど遠い存在で、急行との速度差も小さく、各線の看板列車としての限られた存在にすぎなかったからである。ちなみに、これら3列車は、いずれも当初は特急としての発足が危ぶまれるほどの状況にあり、まさに〝難産の上の未熟児〟だったのである。

以下、「しなの」「ひだ」「しらさぎ」がこの難点をいかに克服し、「エル特急」指定にまで漕ぎつけたかの経緯を、各線の裏話も交えて思い出してみたい。

①「しなの」＝中央本線（以下、中央西線と称す）～篠ノ井線

中央西線に「しなの」の列車名が登場したのは、昭和28年（1953）の客車準急まで遡る。その後は気動車化されて急行、さらに同43年（1968）には特急に昇格し、名古屋―長野間を最速4時間11分で結ぶまでになる。

中央西線は勾配・曲線区間が多く、高速列車の運行が難しい路線だった。エンジン出力を上げ、従来の360馬力から500馬力とするため、急行用の新型強力気動車キハ90形・キハ91形を試作。高速テスト運行を昭和41年春から始めていた。この車両は名古屋機関区の受け持ちとなったが、トラブル続出で現場は大変だった。このため、改良・改造を重ね、キハ181系に結実するまでにはかなりの時間を要したのである。それでも急行に比べ、キハ181系による気動車特急「しなの」は、名古屋―長野間で約20分の時間短縮がやっとであり、ご利用もイマイチの感があった。

このため、昭和48年（1973）7月10日の中央西線・篠ノ井線全線電化完成を機に、曲線通過速度向上を可能とする「振子式」電車381系を開発し導入。名古屋−長野間は最速3時間20分運転となり、初めて他幹線並み表定速度の電車特急が実現した。そして、大半の列車の電車化と増発を行い、約60分ごとの片道8本が揃った。その後、同年10月1日改正で、晴れて「エル特急」に指定されたのである。

中央西線は振子電車381系の投入で速度向上が実現。特急は約60分間隔の等時隔ダイヤとなり「しなの」もエル特急に指定された。定光寺ー高蔵寺間。昭和53年10月24日

しかし、揺れが大きいとの苦情が殺到。車掌までもが車酔いをするという事態が大きく報じられ、難産のスタートとなった。筆者も担当者として心配になり、車掌の話を聞くため、自分でも「しなの」に体験乗車してみた。その時、車掌から「この列車は従来と全く違う場所で違った揺れ方をする。今までは外の景色を見ながら体の方を揺れに合わせる癖がついていた

が、振子電車ではそれが通じず、車酔いになったようだ。でも、新しい揺れ方に慣れたのでもう大丈夫」と言われ、さらにお客様からも「〃振り子〃という名から揺れる電車というイメージを抱き、一時的な気のせいもあったようだ」と聞き、安堵したことを思い出す。そこで、早速、振子式電車の機能と特性（車体を曲線で内傾させ、むしろ乗り心地を改善する）を十分ご説明することを徹底させた。また、衝撃吸収の工夫をしたり、座席に取っ手（把手）を付けたりしてトラブルも解消した。

平成時代の今は、JR東海が開発した制御付き振子装置装備の383系が後継車として活躍し、揺れる列車の汚名は完全に返上。名古屋―長野間は最速2時間53分運転で片道13本、「エル特急」の最後を飾った代表列車にまで成長した。

②「ひだ」＝東海道本線〜高山本線

昭和9年（1934）の全通当時のままのSL運行路線で、単線・タブレット（通票）閉塞方式の高山本線も、30年代になると乗客増から改良への要望が強まってきた。名古屋鉄道管理局では昭和40年（1965）に「高山線総合近代化計画」をたて、将来の電化も念頭にディーゼル化による無煙化、CTC方式による運転業務（ポイント・信号扱い）の集約と保安度の向上と効率化、貨物駅集約などによる駅業務の見直し、特急列車の新設、急行およびローカル列車増発による近代的観光路線への脱皮、以上を内容とする「総合計画」を、昭和43年度完成を目標に取り組むことになった。

「ひだ」はキハ85系の投入で高速化と増発が実現しエル特急に指定。東海道本線で383系“大阪しなの”と共演した貴重なシーン。枇杷島―清州間。平成28年3月16日

この計画の目玉としたのが、高山本線で初めての特急の登場であった。本社の承認も得て計画は順調にスタートし、昭和42年にはCTCセンターが美濃太田に竣工した。しかし特急については当初、本社は難色を示した。特急は概ね300km以上の長距離列車を念頭に置いており、高山本線は全線でも約226kmで、急行列車の分野だというのである。そのため、当初は名古屋―高山間で数本を予定していたが、富山経由で北陸本線の金沢までの列車として距離をクリアし、さらに効率化（貨物集約、旅客駅の

無人化推進）を伴う総合計画の目玉であることも強調した。その結果、食堂車がない６両編成で１往復（キハ80系、金沢運転所配置）のみの新設が認められた。そのため昭和40年代には、まだ数自慢とはならなかったのである。

ＪＲ移行後の昭和63年（１９８８）、カミンズ社イギリス工場製の高出力エンジンを架装したワイドビュー型車両、キハ85系を投入。平成２年３月10日、名古屋―高山間で60～１２０分間隔・最速２時間16分運転が実現したところで「エル特急」に指定された。

③「しらさぎ」＝東海道本線～北陸本線

名古屋地区と北陸を結ぶ直通列車の歴史は古い。しかし、北陸本線には途中、急勾配区間の難所の柳ケ瀬、山中越えなどがあり、特急など高速列車の運転が困難だった。

昭和32年（１９５７）、日本最初の交流電化方式で敦賀までの電化（当初、米原―田村間は交直接続区間として非電化）が完成。その後は同39年（１９６４）に富山までの電化も成る。しかし、交流・直流の電源差をいかに克服するかの難題があった。

昭和39年12月、特急形交直両用電車（整流器を車上に設備して交流を直流に変換して運転）４８１系が開発された。同系は同年12月25日から大阪―富山間の「雷鳥」と名古屋―

「しらさぎ」は新幹線接続列車の使命も担い、米原発着の「加越」も合わせた等時隔ダイヤでエル特急に指定。485系下りしらさぎ　北陸本線 坂田―田村間。昭和52年1月15日

富山間の「しらさぎ」各1往復に投入され、北陸本線初の電車特急の運行が始まった。名古屋―富山間は所要4時間25分、日帰り可能列車として好評を得た。その後は〝日本海縦貫線〟直通を考え、交流50Hz・交流60Hz・直流の3電源に対応可能な汎用車、485系として増備が進められたのである。

ところで、「しらさぎ」は米原で新幹線接続列車の使命も持っているが、昭和50年（1975）3月10日（山陽新幹線開業時）改正では、米原―金沢―富山間に同じ役割の「加越」も新設された。この時、両列車を合わせ米原接続の北陸特急の運行本数が約60分ごとになったのを機に、「しらさぎ」「加越」は合わせて「エル特急」に指定された。

むすび

〃名古屋発ゆかりの名列車〃が「エル特急」の仲間入りができた理由には、次のような共通点があった。

○「しなの」＝勾配曲線など線型の悪さによる増発・スピードアップへの壁を、振子式電車という技術開発で克服した。

○「ひだ」＝前述のような「しなの」と同様の壁を、外国製軽量高出力エンジンの装備で克服した。

○「しらさぎ」＝交流・直流という異電源の壁を、車載整流器開発で克服した。

さらには、近距離（３００km以内）観光客を特急に誘致するため、ダイヤ（商品企画）の工夫や販促努力にも支えられたといえよう。

「難産の児はよく育つ」のたとえ通り、いろいろな課題を克服した名古屋始発の「３エル特急」が発展し、成功裡にその名前（幼名）からめでたく卒業することができたのは、担当者の一人として感慨を禁じ難い。

（すだひろし＝ＪＲ東海相談役・初代社長）

写真：徳田耕一（３枚共）

第4章

きらめく紀州路への特別急行「南紀」

●運行開始＝昭和53年（1978）10月2日
前身の「くろしお」は昭和40年（1965）3月1日

紀勢本線の全通は昭和34年7月

紀伊半島を半周する紀勢本線は、三重県亀山市の亀山から県都・津を経て～尾鷲～熊野市、和歌山県に入って新宮～紀伊勝浦～白浜などを通り、和歌山県の県都・和歌山市に至る３８４・２kmの路線。亀山では関西本線、和歌山では阪和線とリレーし、名古屋と大阪の天王寺を結ぶ。本章では名古屋方をメインに、優等列車のメモリアルをまとめてみた。

長い路線だけに歴史は複雑だが、大正年間に東は紀勢東線として相可口（現＝多気）－栃原間が大正12年（１９２３）３月20日、西は紀勢西線として和歌山（現＝紀和）－東和歌山（現＝和歌山）－箕島間が大正13年２月28日、中間の新宮－串本間は、大正元年（１９１２）12月４日に私鉄の新宮鉄道が三輪崎－勝浦（現＝紀伊勝浦）間を開業させたのがルーツ。その後は３区間とも順次延長される。新宮鉄道は昭和９年（１９３４）７月１日に政府が買収し国有化され、新宮－紀伊勝浦間は紀勢中線となる。紀勢東線は昭和32年（１９５７）１月12日に三木里へ。紀勢西線は昭和15年（１９４０）８月８日に串本へ達し、同日には西線として新宮－紀伊木本（現＝熊野市）も開通した。この時、ドッキングした紀勢中線は西線に編入され、戦後の昭和31年４月１日には新鹿（あたしか）まで延びた。

東線と西線の連絡は鉄道省時代の昭和11年から省営（→国鉄）バス紀南線を運行。当時は熊野灘沿岸に道路がないため、東線の紀伊木本と西線の尾鷲を山廻りの〝熊野街道〟（旧国道41号→二級国道170号→一級国道42号）経由で結び、途中は断崖絶壁が続く標高808ｍの矢ノ川峠を越え、約40㎞を2時間40分もかけて走っていた。

そして、昭和34年（1959）7月15日、悲願だった三木里―新鹿間12・3㎞の開通で紀勢東線と紀勢西線がつながる。さらに同日付けで参宮線の一部の亀山―多気間を編入し、亀山―和歌山（初代、現＝紀和〈昭和43年2月1日改称〉）間が紀勢本線となる。さらに昭和47年（1972）3月15日、和歌山線の紀和―国社分岐点（南海電鉄分岐点）―和歌山市間も紀勢本線に編入され、現在の紀勢本線が形成されたのである。なお、現在の和歌山駅は昭和43年（1968）3月1日、和歌山ステーションデパートの名称で駅ビルを新築し旧東和歌山を改称、和歌山市内の新しい国鉄の拠点駅に整備された。

紀勢本線は三木里―新鹿間の開通で全通。昔は船で集落に近づいていた難所の高架橋を走る特急「南紀」。キハ80系６連。二木島―新鹿間。平成4年1月3日　写真：加藤弘行

紀勢本線優等列車前史　SL準急「くまの」は全通当初の華

路線の歴史が複雑な紀勢本線だが、南紀直通優等列車の大阪方は、昭和8年（1933）に新設の白浜直通快速まで遡る。しかし、名古屋方のそれは紀勢本線全通時の昭和34年7月15日改正で、紀勢西線の天王寺—新宮間に1往復運転していた準急「くまの」を名古屋まで延長したのが最初。SL・C57牽引の客車列車でヘッドマークも掲出していた。

名古屋発の南紀直通優等列車はSL準急「くまの」が最初。C57 62（名）牽引の同列車。名古屋。昭和34年12月27日　写真：加藤弘行

ダイヤは、上り天王寺発9時31分→新宮着15時12分・同20分発→名古屋着20時13分。下り名古屋発9時30分→新宮着14時25分・同35分発→天王寺着20時20分。このほか、名古屋—紀伊勝浦間には夜行準急1往復を新設、のち「うしお」と命名された。

昭和36年（1961）3月1日改正では、準急「くまの」が急行に昇格し「紀州」と改称。運転本数は名古屋—天王寺間に1往復のままだが、キハ55系を投入して気動車化され、大幅なスピードアップ

準急「くまの」を急行に格上げ気動車化した急行「紀州」。新鋭キハ55系を投入しスピードアップも実現。名古屋。昭和36年3月1日　写真：加藤弘行

も実現。同改正では、準急「うしお」の上り（名古屋行き）を廃止。鳥羽→紀伊勝浦（多気経由）間に気動車準急「くまの」、その逆の紀伊勝浦→鳥羽間には同「志摩」も新設。また、同年10月１日改正では急行「紀州」にキハ58系を投入、当面はキハ55系も急行色化し混結使用したが、車両はグレードアップしている。

昭和38年10月１日改正では、準急「うしお」を気動車化し昼行１往復（名古屋―紀伊田辺）を増発、名古屋―紀伊勝浦間は１往復半としたが、下り１本は夜行だった。また、鳥羽―紀伊勝浦間の下り「くまの」・上り「志摩」を統合し「なぎさ」１往復に改称した。

紀勢本線初の特急「くろしお」登場

昭和40年（1965）3月1日改正で、名古屋―天王寺間に紀勢本線経由の特急「くろしお」1往復が登場した。紀伊半島を半周するため需要は東西両方向から見込み、東は中京、さらには名古屋で東海道新幹線とリレーし関東、西は関西・北近畿方面から、南紀勝浦・白浜などの温泉を訪れる観光客らを対象にした。

ダイヤは下り名古屋発12時→天王寺着20時40分、上り天王寺発9時10分→名古屋着18時。所要時間は、名古屋―紀伊勝浦間が約4時間半、同―白浜間は約6時間だった。

和歌山機関区にはキハ80系が20両新製配置され、同区は気動車特急の基地となる。「くろしお」の基本編成はキハ80系（キハ82形）の7両で、2等車4両に食堂車1両、1等車は新婚旅行などハイクラスの客の利用を想定し2両組み込まれた。名古屋への車両送り込みは、関西本線に特急「あすか」1往復を新設し共通運用とした（206頁参照）。

当時の紀勢本線は大半が単線で、「くろしお」全区間の表定速度は時速57㎞と鈍足。しかし、大安吉日には関西方面からの新婚旅行客の需要が高まり、昭和40年11月1日から天王寺―新宮間に新宮回転車3両を増結。この回転車にも1等車1両が組み込まれ、同区間は10両編成にロザ（現＝グリーン車）を3両も連結していた。気動車特急の歴史の中で、この豪華編成は、ＪＲになった現代も語り継がれる「くろしお」の誇りでもある。

特急「くろしお」は名古屋で東海道新幹線と連絡し関東方面からの需要も期待した。1等車2両と食堂車を組み込みキハ80系7連で運転。名古屋。昭和42年8月20日

なお、昭和44年5月10日には二等級制運賃を廃止しモノクラス制運賃を導入、旧1等車は特別車両とし、グリーン料金が適用された。

一方、昭和42年（1967）10月1日改正では、常磐線の全線電化や日豊本線の幸崎電化などによるキハ80系の余剰車と、名古屋系統の新宮回転車の増結中止による捻出車などを充当し、「くろしお」は天王寺―白浜・新宮間に各1往復増発の3往復体制になる。増発列車は食堂車のない6両編成としたが、万博輸送が始まった昭和45年（1970）3月1日からは、観光客の増加が期待できるため名古屋系統1往復は普通車3両増結の10両編成に、白浜・新宮系統も食堂車を組み込み7両編成化された。

元祖キハ80系〝ブルドッグ〟ことキハ81形も「くろしお」に活躍

新宮以西はその後も各地の捻出車を充当し、増結や増発が続く。そして、昭和47年（1972）10月2日改正は、羽越本線・白新線電化による〝日本海縦貫線〟全線電化が目玉で、その捻出車には〝ハチマル〟のパイオニアで、昭和35年12月10日に上野—青森間の特急「はつかり」としてデビューしたボンネット型先頭車、キハ81形も含まれていた。

名古屋から紀伊半島を半周し大阪の天王寺へ向かう“ブルドッグ”ことキハ81形が先頭の特急「くろしお5号」。キハ80系10連。名古屋—笹島（信）間。昭和52年1月3日

元祖キハ80系キハ81形を先頭に堂々10連で走る特急「くろしお5号」。関西本線 蟹江—弥富間。昭和49年11月26日

キハ81形は〝ブルドッグ〟が愛称で、改正前まで秋田機関区を基地に「いなほ」（上野—秋田・上越線・羽越本線経由）と「ひたち」（上野—平(たいら)＝現いわき、常磐線の季節列車）に活躍。廃車も噂されたが、運よく6両

全車が和歌山機関区へ転属した。同区では原則、「くろしお」名古屋系統の先頭車を務めることになり、〝ブルドッグ〟が名古屋に参上したのである。

昭和47年10月２日改正時点の「くろしお」は、定期列車だと白浜系統が１往復増発され、名古屋系統１往復・新宮系統３往復の合計５往復に成長。いずれの列車にもグリーン車２両を組込み７両または10両編成で運転し、〝ハチマルくろしお〟の黄金時代を築いた。

特急「くろしお」は昭和40年9月30日までは紀勢本線唯一の特別急行だった。いずれも『大時刻表』昭和42年9月号（弘済出版社刊）

下り　関西本線（名古屋―湊町）

行先			東和歌山
列車番号			3D
名古屋	発	(全車両自由席)	1840
八田	〃		レ
蟹江	〃		特
永和	〃		1
弥富	〃	…	レ
長島	〃	…	レ
桑名	〃	…	レ
富田	〃	…	レ
富田浜	〃	…	レ
四日市	着	…	1920
	発	…	1922
南四日市	〃	…	レ
河原田	〃	…	レ
鈴鹿	〃	…	レ
加佐登	〃	…	レ
井田川	〃	…	レ
亀山	着	…	1943
	発	…	1949
関	〃	…	(あすか)
加太	〃	…	
柘植	着	…	
	発	…	
新堂	〃	…	
佐那具	〃	…	レ
伊賀上野	〃	…	2027
島ケ原	〃	…	レ
月ケ瀬口	〃	…	レ
大河原	〃	…	レ
笠置	〃	…	レ
加茂	〃	…	レ
木津	〃	…	レ
奈良	着	…	2105
	発	…	2107
郡山	〃	…	レ
大和小泉	〃	…	レ
法隆寺	〃	…	レ
王寺	着	…	2120
	発	…	2121
河内堅上	〃	…	レ
柏原	〃	…	レ
志紀	〃	…	レ
八尾	〃	…	レ
久宝寺	〃	…	レ
加美	〃	…	東和歌山2237着
平野	〃	…	
天王寺	着	…	
	発	…	

「くろしお」用車両の名古屋送り込みを兼ね関西本線経由で運転していた特急「あすか」

コラム　2年半の短命だった関西本線の特急「あすか」

紀勢本線の特急「くろしお」は和歌山機関区のキハ80系で運転を開始したが、当時の名古屋機関区は諸般の事情で折り返しのための停泊ができなかったため、名古屋への車両送り込みを兼ね、昭和40年3月1日改正では、東和歌山（現＝和歌山）―名古屋間に関西本線経由の特急「あすか」も1往復新設された。同列車は阪和線～関西本線のスルー運転のため、杉本町―八尾間で阪和貨物線（平成16年廃線）を通り、関西本線では鈴鹿山脈に挑む〝加太越え〟などで話題を集めた。

ダイヤは、上り東和歌山発7時10分→名古屋着10時50分、下り名古屋発19時→東和歌山着22時41分。大阪市内の駅には停車できず、かつ運転時間帯も悪いので、1等車・2等車とも全車自由席とし特急料金を軽減。食堂車は採算が合わないのでまもなく営業休止にするなど、当時の国鉄の特急では珍しい営業政策を展開した。結果は利用客の低迷により昭和42年10月1日改正で廃止。関西本線の特急は2年半の短命に終わった。

近鉄特急ビスタカーと並走する上り特急「あすか」。キハ80系7連。八田―名古屋間。昭和40年7月4日　写真：岸 義則

四日市と津を短絡する伊勢線開通　急行「紀州」は5往復に成長

昭和41年（1966）3月5日の国鉄料金制度変更で、準急「うしお」は急行に昇格。同列車は翌42年10月1日改正で、紀伊勝浦→名古屋間に昼行上り1本を増発し、同区間は2往復に（1往復は紀伊田辺発着）なる。

〃ヨン・サン・トオ〃の改正では、「うしお」を廃止し「紀州」に統合。急行「紀州」は4往復（天王寺1往復・紀伊田辺1往復・紀伊勝浦2往復〈下り1本は夜行〉）になった。また、鳥羽発着の「なぎさ」は「はまゆう」に改称された。

一方、関西本線の四日市と紀勢本線の津を短絡する伊勢線（南四日市―津間26㎞）が昭和48年（1973）9月1日に開通した。同年10月1日改正では、名古屋からの特急「くろしお」と急行「紀州」の3往復を伊勢線経由に変更、亀山をショートカットし到達時間が短縮された。なお、急行「紀州」は紀伊勝浦系統を1往復増発し5往復になる。

急行「紀州」は昭和40年代に本数が増え主力列車に成長。特製HMを掲出していた頃のキハ58系「紀州」（左）。隣は中央西線の臨時快速「恵那峡」。名古屋。昭和42年10月15日

名古屋発着の特急は「南紀」に

昭和53年（1978）10月2日、紀勢本線の新宮電化が成る。この日実施された白紙改正で、特急「くろしお」は新宮で系統分割し、天王寺方は振子電車381系を投入してスピードアップも実現。名古屋方は廃止となるが、名古屋―紀伊勝浦間には80系気動車特急「南紀」が3往復新設された。和歌山機関区のキハ80系の多くは名古屋第一機関区へ転属。人気の〝ブルドッグ〟ことキハ81形は、最後まで残っていた2両（3・5）が廃車となり形式消滅した。なお、キハ81形3号車は保存対象となり、大阪の交通科学博物館（昭和55年～平成26年）を経て、現在は京都鉄道博物館で保存・展示されている。

一方、昭和53年10月改正で特急「南紀」は名古屋第一機関区の受け持ちとなり、基本編成はグリーン車＝キロ80形1両を含む6両で運行。急行「紀州」は3往復に減少し伊勢線経由1往復、亀

新宮電化が成り、非電化区間が大半の名古屋―紀伊勝浦間には“ハチマル”使用の特急「南紀」を新設。キハ80系6連。関西本線 桑名―朝明（信）間。昭和53年10月23日

山経由2往復となる。その後、「紀州」は昭和57年（1982）5月17日改正で下りのみ1本あった夜行を廃止、昼行2往復のみ亀山経由で運転を継続した。
昭和60年3月14日改正で特急「南紀」は1往復増発の4往復になるが、基本編成はキハ80形1両減車の5両とし、うち上り1本は紀伊勝浦→新宮間を普通列車に変更。また、同改正では急行「紀州」（名古屋発着）と「はまゆう」（鳥羽発着）を廃止。この時、紀勢本線優等列車のオール特急化で、名古屋─新宮─天王寺間はB特急料金を適用。翌61年11月1日改正では、「南紀」1往復の新宮─紀伊勝浦間を上下とも普通列車に変更した。

伊勢鉄道の開業と国鉄分割民営化後の特急「南紀」

昭和62年（1987）3月27日、伊勢線が第三セクター伊勢鉄道（河原田─津間22・3㎞）に転換された。同線を通過する特急「南紀」は、国鉄の特急が初めて三セク路線に乗り入れる事例として注目を浴びた。
そして昭和62年（1987）4月1日、国鉄分割民営化で紀勢本線は名古屋─新宮間がJR東海、和歌山─新宮間はJR西日本が承継し、新宮駅はJR西日本に帰属。特急「南紀」はJR東海のキハ80系で運転を継続した。

特急「南紀」1往復のスジを快速「みえ」に譲る

平成元年（1989）3月13日改正で、特急「南紀」はさらに1往復増発の5往復になる。しかし、翌2年3月10日改正で1往復を快速「みえ」に格下げ（熊野市―紀伊勝浦間は各停）、再び4往復に戻る。これは近鉄特急に対抗し、名古屋―松阪間に毎時1往復新設された快速「みえ」にスジ（ダイヤグラムに引かれる列車1本の線）を譲ったものだが、単線区間が多い三重県のJR幹線の活性化を図るための苦肉の策だった。

「南紀」は国鉄の特急が三セク鉄道を通過する初の事例となり、JR東海発足後は快速「みえ」に1往復のスジを譲った。伊勢鉄道内での両列車の交換。玉垣。平成2年3月13日

特急「南紀」にワイドビュー車両キハ85系を投入

平成4年3月14日改正で、特急「南紀」はキハ80系に代わり、ワイドビュー車両キハ85系が投入された。基本編成は4両で、新宮方先頭車にはパノラマタイプで全室グリーン席、2&1座席のキロ85形を連結。「南紀」は1往復増発の5往復とし、名古屋―紀伊勝浦間は最大42分短縮の最速3時間23分になる。

これに伴い、名古屋−新宮間の特急料金がB料金からA料金へ昇格。名車キハ80系は定期運用を離脱し、キハ58系を使用していた快速「みえ」の紀伊勝浦系統も廃止された。

キハ80系は平成4年3月13日限りで特急「南紀」から撤退し定期運用を離脱。名古屋駅では最後の到着列車「南紀8号」でセレモニーを挙行

ワイドビュー車両キハ85系に置き換えられた特急「南紀」。運転初日の出発式。名古屋。平成4年3月14日

パノラマタイプの全室グリーン車キロ85形からの展望、座席は2&1配置。伊勢鉄道 玉垣付近を走行中。平成4年11月11日

名車〝ハチマル〟最後の勇姿、「メモリアル南紀」走る！

キハ80系（キハ82形）は平成4年3月13日をもって特急「南紀」から勇退し、その後はナゴヤ球場への臨時ナイター列車などで余生を過ごしていた。だが、同輸送の終了で全検切れも迫り、名車ハチマルの〝さよなら運転〟を兼ね平成7年新春、名古屋－紀伊勝浦（新宮）間に団体列車「メモリアル南紀」が運転された。

鉄道ファン向けのツアーで、名古屋発着1泊2日の「メモリアル南紀号で行く熊野三山と勝浦温泉の旅」。運転日は下りが1月21日・上りは同22日、5両編成でうち2両はグリーン車。夜間滞泊は伊勢運輸区伊勢派出所としたため、両日とも白昼堂々ロングラン回送を実施。一行は貸切バスで撮影ポイントに案内され、〝ハチマル〟最後の勇姿を存分に記録した。なお、往路の車内では、僭越ながら私がミニ講演をさせていただいた。

紀伊勝浦方のみ懐かしの絵入りHMの上部にメモリアルの文字を付加した「メモリアル南紀」。下り回送。新鹿—波田須間。平成7年1月22日

特急「南紀」その後の動向

平成８年７月25日、「南紀」にワイドビューの冠称を付与し、列車名が「(ワイドビュー) 南紀」となる。しかし、繁忙期と閑散期では旅客需要の動向が激しく、同13年３月３日改正では編成を見直し普通車のみの３両編成とし、パノラマタイプのキロ85形は「ひだ」へ転用。ただし、多客期は半室グリーン席のキロハ84形を連結。平成15年10月１日改正では、運転本数の見直しで定期４往復に減り、多客期は臨時列車を増発した。

一方、沿線人口が少ない紀伊半島東部でも高速道路の延伸が進み、平成18年３月11日には伊勢自動車道と連絡する紀勢自動車道の勢和多気ＪＣＴ－大宮大台ＩＣ間、同21年２月７日には大宮大台ＩＣ－紀勢大内山ＩＣ間が開通した。そこで観光客のクルマへのシフトも鑑み、平成21年３月14日改正で「(ワイドビュー) 南紀」のグリーン車連結を通年に戻し、キロハ84形を組込み基本４両編成とした。なお、紀勢自動車道はその後、難所・荷坂峠を紀勢荷坂トンネルで抜け、平成24年３月20日までに尾鷲北ＩＣへ達している。

ところで、ＪＲ東海の在来線では山間部で野生動物（主に鹿）との接触が多いが、紀勢本線は最多。そこで平成24年春から「南紀」用キハ85形のスカートに、スポンジ製の衝撃緩和装置を設置。当初は４両に装備したが、現在は６両に増えている。

名車追想の旅

特急「くろしお」の〝ブルドッグ〟編成で白浜へ

昭和52年（1977）秋、名古屋発の南紀方面の特急は1日1本、9時50分発の「くろしお5号」、紀勢本線経由の天王寺行きのみだった。でも、列車番号は1D。昭和40年の登場以来、名古屋―天王寺間をロングランする1往復は伝統の列番1・2を踏襲。また、この1往復の先頭車は、昭和47年秋から〝元祖ハチマル〟ことキハ81形が連結されることが多く、〝ブルドッグ〟のような面構えを名古屋地区でも見られるようになった。それでは国鉄の香り漂う伝統の名列車で、南紀白浜温泉へ昭和の旅をお楽しみいただこう。

名古屋駅11番線ホームで発車を待つ特急「くろしお」5号。先頭車は“ブルドッグ”ことキハ81形　昭和52年9月13日

●添乗員は鉄道ファン

当時、私は24歳。某旅行会社で団体営業（現＝受注型企画旅行など）を担当していた。

顧客の添乗員も兼務し、呉服屋さんの招待旅行で45名のお客様を「くろしお」で南紀白浜温泉までご案内した。名古屋駅中央コンコースの「大時計の下」に集合して出発。座席ブロックは先頭10号車とお隣9号車の指定席、この日の10号車は基本運用のキハ81形だった。

♪『アルプスの牧場』のオルゴールが流れ、「お待たせいたしました。特別急行『くろしお5号』伊勢線・紀勢線まわりの天王寺行きです。停車駅は……、グリーン車は2号車と3号車、4号車は食堂車、……自由席は7号車と8号車です」。特別急行という種別を久々に耳にしたが、キハ80系が誕生した昭和35年頃は最上級の列車を特別急行、略して「特急」と呼び、〝ハチマル〟にピッタリの旅立ち放送は優越感をくすぐる。ちなみに、自由席は四日市・津・松阪への区間利用客も多い。近鉄特急との競合区間だが、新幹線との乗継割引なら特急料金は半額。関東からのビジネス客らはこのお得を活用しているとか。

団体旅行でもあり、まもなく缶ビールと弁当を配ったが、年配のおとうさまから「この〝汽車〟かなり古いね、これでも特急?」と尋ねられた。返事に困ってしまったが、車内改札中だった車掌さんは手を休め「お客さんは運がいいですね。この車両は今、鉄道ファンが注目している栄光の車両です。元祖ディーゼル特急とでも申しましょうか……、でも時々、検査でほかの車両に代わることもありますので……」。ベテラン専務車掌の援護射撃に感服し、お客様にはキハ81形の経歴をご理解いただいた。これぞ常在観光の魅力かも。
木曽川を渡って三重県に入り桑名を通過。最初の停車駅の四日市を過ぎると南四日市から伊勢線を通り、津には10時49分着。所要59分、このスピードは近鉄特急と何ら遜色はない。この先、松阪、多気と停車するが、自由席は乗客の入れ替わりがあるものの、普通車指定席は各号車ともほぼ満席。その後、梅ケ谷を過ぎると最初の難所、荷坂峠に挑む。速度は時速40㎞以下、25‰の急勾配を変速ノッチで進み、サミットの荷坂トンネルを抜けると眼下には熊野灘の大パノラマが広がる。紀伊長島を通過し12時38分、尾鷲着。

尾鷲から熊野市までは紀勢本線最大の難所。国道は矢ノ川峠を越えるが、鉄道は海沿いを走る。かつては陸の孤島でもあったこの区間は、鉄道の開通で夜明けを迎えた。時はお昼、〝鉄心〟に誘発され食堂車をのぞくと、私のお客様の一部も食堂車に宴（うたげ）を移し、移り変わる紀州路の美景を眺めながら酒を酌み交わしていた。これぞ鉄道の旅の醍醐味だが、その中には朝の辛口トークのおとうさまの姿もあった。

「兄ちゃん、今日はええ〝汽車〟に乗せてくれたなあ。この〝汽車〟は味があるわぁ。ありがとね」。〝鉄〟の添乗員にとってはうれしい言葉で、おとうさまとはそれがご縁で信頼関係ができ、のち新しいビジネスにもつながった。

キハ80系普通車指定席の車内

●紀伊勝浦からは〝お帰り列車〟

列車は熊野市に停車後、熊野川を渡って和歌山県に入り13時36分、新宮に着く。同駅では７分間停車し上り特急「くろしお」２号と交換、同２Ｄも天王寺方先頭車はキハ81形だった。そして、南紀勝浦温泉の最寄り駅の紀伊勝浦には14時着。乗降は多く、同駅から先は、南紀観光を楽しみ関西方面に戻る人たちの〝お帰り列車〟に変わる。

私たちの旅はまだ往きだが、紀伊半島南端の潮岬に近い串本に停車し、今宵の宿が待つ白浜には15時36分の到着。食堂車もあり長いようで短い列車の旅だった。

白浜温泉では太平洋の眺望が素晴らしいホテルで宴会。翌日は貸切バスで三段壁や円月島などを観光し、南紀白浜空港から昼過ぎの全日空機で名古屋空港へひとっ飛び。所要55分、機種は昭和の名機でプロペラ機のＹＳ11。現在、名古屋―南紀白浜便の運航はない。

コラム　紀州路を走ったブルートレイン寝台特急「紀伊」

かつて紀勢本線にもブルートレインが走っていた。昭和50年（1975）3月10日改正で、東京―紀伊勝浦（名古屋・亀山経由）間に新設された寝台特急「紀伊」がそれ。紀勢本線内は昭和55年（1980）9月まで、電気式ディーゼル機関車DF50形が牽引。熊野灘をバックにその〝青列車〟が走る光景は魅力的だった。

前身は紀勢本線が全通した昭和34年（1959）7月15日改正で登場した東京―新宮間の臨時急行「那智」、同年9月22日には定期列車に昇格した。東京―名古屋間は種々列車との併結の変遷が興味深いが、昭和39年（1964）10月1日改正では運転区間を紀伊勝浦まで延長。昭和50年3月改正で特急に昇格し、14系寝台車を投入し寝台特急「紀伊」が誕生したのである。ただし、東京―名古屋間は寝台特急「いなば」（1～8号車、東京―米子、京都・山陰本線経由）と併結し、「紀伊」は9～14号車でB寝台のみの6両編成だった。

しかし、利用客は年末年始と旧盆、観光シーズンなどに集中。普段は低迷が続き、昭和59年（1984）2月1日改正で廃止されてしまった。なお、名古屋駅は深夜のため、両列車とも客扱いは行わず運転停車だったが、「紀伊」の下りは昭和57年3月15日の機関車付替えの時、名古屋第一機関区のDD51形が衝突事故を起こしている。

熊野灘をバックに走るDF50形牽引の寝台特急「紀伊」。新鹿―波田須間。昭和50年8月14日　写真：稲垣光正

第5章

名古屋始発 懐かしの列車たち

～〝稲沢線〟の知る人ぞ知る名列車～

名古屋始発の懐かしの列車

庶民派列車の定番だった準急～急行「東海」「比叡」

昭和30～40年代、名古屋の人々に最も愛された列車は、東京行きの「東海」、大阪行きの「比叡」ではないだろうか。特急は高嶺の花だった時代、少額の料金投資で乗れる〝気軽な速足〟は、庶民派列車の定番として人気があった。

「東海」は昭和30年（１９５５）7月20日、東京―名古屋間の客車準急として登場。編成は10連で、2等車は1両だが、3等車は9両という庶民の味方。同32年10月1日改正では、80系湘南型電車のデラックスバージョン、窓がワイドな全金属製車体の３００番代を投入し電車化。２等車は２両に増結、本数も3往復に増発し上り２本を除き大垣発着に延長。「準急」と記載した大きなヘッドマークを掲出して走る姿はとてもダンディーだった。ちなみに、電車列車での３００km以上の運行は「東海」が礎である。昭和33年（１９５８）10月1日改正では夜行列車も新設。同年秋には新性能新型電車91系（のちの１５３系）が登場し、11月から順次、12両編成で「東海」に投入。この電車は〝東海型〟と呼ばれ、優等列車電車化のモデルとなる。その後は本数も増え、同36年10月1日改正では昼行6往復、夜行1往復の計7往復に成長し黄金時代を迎えた。

「比叡」は昭和27年（１９５２）９月１日、大阪―名古屋間に１往復新設の臨時客車準急がルーツ。昭和32年10月に80系で電車化し３往復に増発、同年11月15日に「比叡」と命名され、同34年４月から順次１５３系化。昭和36年10月１日改正時は12連で８往復に増えていた。東海道新幹線の開通後は「東海」「比叡」とも本数は順次減少したが、昭和41年（１９６６）３月５日には急行へ昇格。新幹線の恩恵が受けられない中小都市との交流を担い、走り続けていた。

　しかし、時代の流れが進み、その活躍も今では昔語りである。

「東海」の名古屋撤退は昭47.3.15改正。静岡―東京間で存続し、のち特急に昇格するが平19.3.18改正で廃止。153系12連の急行時代。枇杷島―名古屋間。昭和44年7月24日

「比叡」の廃止は昭59.2.1改正。晩年はモノクラス8連1往復で中京快速と共通運用。大阪（宮原）持ち時代のHMを掲出していた153系10連。名古屋―枇杷島間。昭和44年7月24日

名古屋発九州行きの郷愁列車

特急「つばめ」「金星」、急行「阿蘇」「はやとも」～「玄海」

九州特急・急行には、在来線でも名古屋発着（始発）の列車が存在した。乗車時間は長いが、魅力は九州直通で、お土産をいっぱい持って故郷を目指す人々には重宝がられた。

その代表格が特急「つばめ」で、昭和39年（1964）10月1日の東海道新幹線の開業で、東海道本線の名特急だった「つばめ」は新大阪始発の九州特急（新大阪―博多）に転用。翌40年10月1日改正では交直両用電車481系を投入し、運転区間を名古屋―熊本間（名古屋発9時15分→熊本着22時06分、熊

昭40・10改正で特急「つばめ」が181系時代を彷彿させるボンネット型の481系で復活。名古屋。昭和40年11月3日

昼行電車急行「はやとも」も昭40.10改正で登場。1等車・半車ビュフェ各2両組み込みの475系12連。名古屋。昭和40年10月17日

本発８時05分→名古屋着20時52分）に延長、名古屋始発の九州特急に生まれ変わった。このロングラン運行は「つばめ」史上で最長距離となる。また同改正では、名古屋―博多間に昼行急行「はやとも」（名古屋発10時→博多着23時13分、博多発７時→名古屋着20時03分）も新設。交直両用電車４７５系の12両編成で、急行ながらも１等車（サロ４５５形→グリーン車）と半車ビュフェ（サハシ４５５形）を各２両組み込んでいた。

昭43・10改正で特急「つばめ」は583系化され寝台特急「金星」と共通運用になる。木曽川―岐阜間。昭和45年9月15日

〃ヨン・サン・トオ〃こと昭和43年（１９６８）10月１日改正では、〃月光型〃こと５８３系（５８１系）電車を使用した寝台特急「金星」が名古屋―博多間（名古屋発22時42分→博多着10時05分、博多発18時50分→名古屋着６時15分）に登場、当初は食堂車も営業していた。これを機に昼行特急「つばめ」も５８３系化され、「金星」とは共通運用になり、名古屋地区でも働き者の５８３系の活躍が見られるようになった。同改正では「はやとも」の列車名を「玄海」に改称。編成は１等車と半車ビュフェを各１両に減らし10両に変更。「はやとも」の名称

寝台特急「金星」は昭43・10改正で登場。朝日を浴びて終着名古屋を目指す同上り列車。583系12連（絵入りHM化後の姿）。岐阜―木曽川間。昭和55年7月20日

昭43・10改正で「はやとも」は編成短縮し列車名を「玄海」に改称。そのサボ

は広島―博多間の急行に譲った。

山陽新幹線岡山開業の昭和47年（1972）3月15日改正では、特急「つばめ」と急行「玄海」を岡山発着に短縮。名古屋発着で山陽～九州方面へ直通する昼行優等列車は姿を消した。なお、寝台特急「金星」は存続したが、583系の昼間の運用は北陸特急「しらさぎ」1往復の増発に充当し、この間合い運用は昭和53年10月2日改正前まで続いた。

一方、庶民派列車では夜行急行「阿蘇」（名古屋―熊本）を忘れることはできない。かつては東京発着で、九州入り後は八幡に停車すると筑豊本線を経由、博多は通らなかった。ところが、昭和36年（1961）10月1日改正で名古屋発着（始発）の新列車に仕立て直され、鹿児島本線・博多経由となる。客車も基本編成は名古屋持ちとなり、1・2等寝台車のほか、昭和39年7月24日まで

名古屋発庶民派夜行急行の大御所だった急行「阿蘇」。EF58牽引の同上り列車。木曽川ー尾張一宮間。昭和43年9月27日　写真：岸 義則

は食堂車も連結していた。昭和40年代に入ると基本編成は変わるが、昭和47年３月改正ダイヤ（名古屋発19時25分↓熊本着11時29分、熊本発17時20分↓名古屋着９時34分）だと、普通車指定席スハ44形１両＋グリーン車スロ54形１両＋Ａ寝台オロネ10形１両＋Ｂ寝台スハネ16形４両＋普通車自由席40番代急行形旧型客車６両（うち２両は博多回転車）という堂々たる編成で、名古屋始発の九州夜行の大御所だった。ちなみに普通車指定席は４人掛けボックスシートではなく、かつて特急用客車だった２人掛け回転式クロスシート装備のスハ44形を連結。急行券プラス指定席券で利用できるお得が魅力だった。

しかし、山陽新幹線博多開業の昭和50年（１９７５）３月10日改正で、名古屋発着の「阿蘇」は廃止。「阿蘇」の名称はしばらく、新大阪ー熊本間の全車指定席の急行に承継。同改正でも寝台特急「金星」は存続したが、昭和57年11月15日改正より一足早い11日の名古屋発を最後に廃止、名古屋始発の九州方面行き優等列車は全廃した。

コラム　故郷行きのユニークな帰省列車　特急〝ユーロ金星〟急行「あおもり」

名古屋始発の帰省客を対象にした臨時列車にはユニークな列車もあった。中でもこの2つは今も語り草だ。

特急「金星」　ユーロライナーの個室車をグリーン車として連結！

583系（581系）電車による寝台特急「金星」を補完するため、昭和40年代後期〜平成4年まで、年末年始と旧盆を中心に14系客車12連（6両×2）による特急「金星51号」が走っていた。運転区間は当初、名古屋—熊本間だったが、昭和50年代は編成の半分を西鹿児島（現＝鹿児島中央）まで延長。昭和57年11月15日改正で定期の「金星」が廃止されると、ズバリ「金星」を名乗った。昭和60年（1985）には国鉄名古屋鉄道管理局に欧風客車「ユーロライナー」が登場。同年暮れの「金星」は下りのみ運転したが、西鹿児島編成の中間2両をユーロの個室車2両に変更。グリーン車として運用し、個室は4人用・6人用ともグリーン券をバラ売りし、一人でも利用できた。このユニークな販売方法は、ユーロのPRを兼ねていたのかも？

急行「あおもり」　料金格安、国鉄時代の〝思いやり列車〟

名古屋から東北方面に直通する列車も存在した。昭和40〜50年代ごろの年末・旧盆を中心に運転した急行「あおもり」（青森または弘前行き）は、乗車時間こそ超長いが、直通運転による格安料金で帰省客を応援、国鉄時代の〝思いやり列車〟だった。経路は東海道本線を米原まで下り、〝日本海縦貫線〟の北陸・信越・羽越・奥羽本線を通り、秋田、弘前などへ乗り換えなしで行けた。また、昭和45〜46年ごろは東海道本線を上り、浜松、静岡などで乗客を集める東北本線経由も走った。昭和45年8月のダイヤは〝日本海縦貫線〟廻りが名古屋発12時→青森着は翌朝9時10分、東北本線廻りが名古屋発17時08分→青森着は同13時30分だった。

東海道本線の貨物線

〝稲沢線〟の知る人ぞ知る名列車

東海道本線の名古屋―稲沢（線路は〝稲沢西信号場〟まで）間は、〝稲沢線〟と呼ばれる複線電化の貨物線が並行し、名古屋地区の同線では唯一の複々線区間だ。同線は現在、ＪＲ東海に帰属するが、単線で開通したのは鉄道省時代の大正14年（１９２５）１月16日。三代目名古屋駅の開業に伴い、貨物操車場の移転で稲沢操車場が開設された時である。複線化は昭和18年（１９４３）９月、電化は同28年11月ごろ。なお、名古屋以南は〝あおなみ線〟こと名古屋臨海高速鉄道へ続くが、沿線には名古屋貨物ターミナルがあり、そこへ出入する貨物列車や笹島信号場までは関西本線の貨物列車も通る。

機関車は現在、ＪＲ貨物のカマが活躍。名古屋貨物ターミナル着発は大半が電気機関車、関西本線直通はディーゼル機関車だ。その愛知機関区のＤＤ51形は、今や本線定期仕業が残る最後の牙城ともなったが、石油列車は重連仕業があり、全国から注目されている。重連は平成30年２月１日から順次、北海道の五稜郭機関区から移籍したＤＦ２００形（０番代を２００番代に改造）の単機牽引に交代し、同年３月17日改正で減少した。ちなみに、東海道本線で最後まで蒸気機関車が走っていたのは〝稲沢線〟で、惜別は国鉄時代の昭和

46年（1971）4月25日。稲沢第一機関区（現＝愛知機関区）のD51形重連（D51 2＋D51 815）が牽引する関西本線四日市発の貨物列車だった。

DD51形の三重連が牽引するコンテナ列車。名古屋ー枇杷島間。平成4年5月4日

"稲沢線"は名古屋駅の東海道新幹線ホームのスグ東側を走る。DD51形重連が牽引する関西本線の石油列車。平成29年1月26日

これらの勇姿は昔も今も新幹線上りホームから観られるが、名古屋貨物ターミナルが非電化の時代は、運用の都合でDD51形三重連、DD51形2両＋DE10形2両の四重連が牽引するコンテナ列車、DD51形の四重連回送などが走った記録も残る。

一方〝稲沢線〟には

回送ながら電車も走っているが、多客期には団臨・季節臨などの旅客列車が走ることもある。名車１１７系の最後を飾った「トレイン１１７」による快速「水都トレイン大垣」（平成23年春～25年春、名古屋－大垣）、ワイドビュー車両キハ85系の団臨「ＪＲ東海管内貨物線と珍しい車窓の旅」（平成29年10月22・29日）などは記憶に新しい。また、平成12年の春臨などでは、ＪＲ西日本の国鉄色３８１系（日根野車）による臨時急行「くろよん」（大阪－南小谷）が同線を経由した。これらの列車は線内をノンビリ走り、同線を経由している間に後続の新快速や特急に追い抜かれ、〝走る待避線〟としても利用されている。なお、電車などの同線走行は原則、枇杷島以西である。

まさに〝稲沢線〟は、知る人ぞ知る「魅惑の名列車」が走る路線と言っても過言ではない。

国鉄色の特急形381系が“稲沢線”をノンビリ走る。振子機能は停止、臨時急行「くろよん」大阪行き。東海道上下本線（左）を跨ぐ五条川（信）付近。平成12年5月4日

名古屋発着 信州、飛騨、北陸、南紀方面 主要優等列車の略史

木曽・信州（木曽福島・長野）方面 中央本線（中央西線）・篠ノ井線

昭和22年（1947）6月22日 戦前に走っていた名古屋—長野間の夜行列車1往復（一部の駅通過）が準急（料金必要）に昇格し復活。「中央本線」初の優等列車（SL客車列車）

昭和28年（1953）7月11日 名古屋—長野間に昼行不定期準急「しなの」1往復新設、中央西線初の名称付き優等列車

11月11日 準急「しなの」を定期化、名古屋—長野間約5時間半

昭和34年（1959）12月13日 名古屋—長野間の夜行準急に「きそ」の列車名が付く

昭和35年（1960）7月1日 「しなの」を急行に格上げ新製キハ55系を投入、名古屋—長野間最速4時間35分（下り長野行き）

運賃・料金改定で旧2等車以上は1等車（現＝グリーン車）、旧3等車は2等車（現＝普通車）とする

昭和36年（1961）10月1日 急行「しなの」に新製キハ58系気動車を投入。キハ55系も急行色化し混結使用。名古屋—長野間に気動車急行「信州」（昼行・名長間最速4時間32分〈上り〉）・同「あずみ」（夜行）を各1往復新設。準急「きそ」は3往復（昼行1往復・夜行2往復）に、準急「おんたけ」1往復新設

昭和37年（1962）12月1日 「きそ」の昼行1往復を新潟まで延長し急行に格上げ気動車化、名古屋—新潟間（長野・直江津経由）に急行「赤倉」1往復新設。多治見→長野間に気動車準急「きそこま」を下りのみ1本新設

昭和38年（1963）10月1日 急行「信州」を「しなの」に統合し、「しなの」は2往復になる

昭和41年（1966）3月5日 料金制度変更により準急「きそ」「おんたけ」「きそこま」などを急行に格上げ

3月10日 急行「しなの」を1往復増発し3往復に。長野→中津川間に気動車急行を上り1本増発、名称は「きそこま」とし同列車は1往復になる

昭和42年（1967）10月1日 急行「しなの」1往復に大出力エンジン搭載の量産試作車キハ91系を投入。「きそこま」の上りを「しなの」に統合し「しなの」は4往復に増発、「きそこま」は再び下りのみ1本になる

昭和43年（1968）10月1日 キハ181系を投入し名古屋—長野間に特急「しなの」1往復新設、名長間最速4時間11分。急行は「赤倉」と大阪発着の「ちくま」を除き名称を「きそ」に統合。「きそ」は7往復半に成長し下り8本（1本は多治見始発の旧こまくさ）・上り7本。名長間の「きそ」は昼行4往復・夜行3往復（1往復は不

昭和44年（1969）5月10日　定期）、昼行4往復と夜行1往復は気動車、定期夜行1往復は寝台車連結。夜行気動車急行「あずみ」は同「きそ」に、季節急行「おんたけ」も「きそ」に統合。「あずみ」・「おんたけ」の列車名は消滅

10月1日　二等級制運賃を廃止しモノクラス制運賃とする。旧1等車は特別車両として扱いグリーン料金を適用

昭和46年（1971）4月26日　特急「しなの」をスピードアップ、名古屋―長野間最速3時間58分

昭和48年（1973）7月10日　特急「しなの」を3往復に増発、うち1往復は大阪―長野間の急行「ちくま」を格上げ大阪発着。名古屋―南小谷間に臨時急行「つがいけ」2往復を新設、名古屋―松本間は「きそ」に併結

中央西線中津川―塩尻間と篠ノ井線の電化開業で特急「しなの」を5往復増発の8往復とし、うち6往復に振子電車381系を投入、名長間最速3時間20分。381系は長野運転所に配置。キハ181系も引き続き2往復に使用。「きそ」は5往復半とし名長間の昼行2往復を電車化。急行「つがいけ」1往復を電車化し定期化

10月1日　特急「しなの」をエル特急に指定

昭和50年（1975）3月10日　381系を増備し「しなの」8往復全列車を電車化、実施は2月21日から

昭和53年（1978）10月2日　電車急行「きそ」1往復を特急に格上げ「しなの」を9往復に増発。「しなの」のヘッドマークを絵入り化

昭和57年（1982）5月17日　塩尻駅が篠ノ井線側に移転。中央西線も篠ノ井線とスルー運転とし同駅でのスイッチバックを解消

11月15日　上越新幹線大宮―新潟間開業。急行「つがいけ」1往復を名古屋―白馬間の特急に格上げ「しなの」に統合。「しなの」は10往復（1往復は季節列車化）に増強。381系が神領電車区へ転属。名古屋―新潟間の急行「赤倉」を電車化。夜行急行「きそ」2往復のうち1往復を廃止。残る1往復も寝台車（10系）の連結を中止し（下りは10日、上りは11日から）旧型客車を12系に置換え。塩尻駅のスイッチバック解消で中央西線の号車番号順序が逆転し、名古屋方先頭車が1号車になる。

昭和60年（1985）3月14日　急行「赤倉」の運転区間を見直し松本―新潟間の急行「南越後」（松本―長野間普通）に変更。急行「きそ」を季節列車化。急行「ちくま」の定期列車が名古屋に営業停車する

昭和61年（1986）11月1日　季節列車の急行「きそ」を廃止

昭和62年（1987）4月1日　国鉄分割民営化で「中央本線」は中央西線がJR東海、中央東線はJR東日本が継承。塩尻駅はJR東日本に帰属。「しなの」はJR東海の381系で運転

昭和63年（1988）3月13日　特急「しなの」を6往復増発し16往復（うち3往復は不定期）とする。381系はグリーン車を先頭車化改造し基本編成9両を同6両に変更。一部列車のグリーン車にパノラマ車を連結（4月からは4往復が対象）。名古屋—長野間は最速3時間2分に短縮

平成6年（1994）8月21日　新型振子電車383系の量産先行車6両編成1本が落成。神領電車区に配置

平成7年（1995）4月29日　383系の量産先行車が臨時「しなの」91・92号（名古屋—木曽福島間）で暫定営業を開始

平成8年（1996）12月1日　長野着発の定期「しなの」を383系に置き換え、名古屋—長野間最速2時間43分に短縮。同系使用列車は「（ワイドビュー）しなの」の冠称を付与。381系は波動用に40両が残る

平成9年（1997）10月1日　長野新幹線（現＝北陸新幹線）開業。急行「ちくま」の定期夜行を電車化し特急形383系を投入

平成15年（2003）10月1日　急行「ちくま」の定期夜行を季節列車化し車両は381系に変更

平成17年（2005）10月7日　大阪発の同日下りをもって「ちくま」の運転を終了

平成20年（2008）3月15日　特急「しなの」の最速列車は名長間2時間48分に

平成21年（2009）3月14日　下り1本あった速達タイプの「しなの」が千種・多治見に停車。名長間は最速2時間51分に

平成22年（2010）3月13日　特急「しなの」名長間は最速2時間52分に

平成24年（2012）3月17日　特急「しなの」車内販売営業区間を名古屋—塩尻間に短縮

平成25年（2013）3月16日　特急「しなの」車内販売を中止。名長間は最速2時間53分に

平成30年（2018）3月17日　特急「しなの」の「エル特急」指定を解除

飛驒（下呂・高山）方面　高山本線（岐阜経由）

昭和29年（1954）4月3日　名古屋—高山間に不定期準急「ひだ」1往復新設

昭和33年（1958）3月1日　準急「ひだ」を定期化し、新製キハ55系気動車を投入。名古屋—富山間に気動車準急「ひだ」1往復新設

10月1日　準急「ひだ」1往復を増発し2往復体制に。既設列車は運転区間を高岡（富山経由）まで延長。増発列車は名古屋—高山間の運転

昭和35年（1960）7月1日　名古屋—高山間に準急「ひだ」1往復増発、同区間は3往復体制になる

10月1日　「ひだ」1往復を高山・北陸本線経由の循環準急に変更。内回りが「しろがね」、外回りは「こがね」

昭和36年（1961）3月1日　名古屋↓岐阜↓富山間の下り客車夜行（岐阜↓高山間主要駅のみ停車）を気動車化し準急「しろがね2号」に格上げ。富山↓岐阜間の上り客車夜行（主要駅のみ停車）を気動車化し準急「ひだ」に格上げ。高岡系統の「ひだ」を金沢まで延長。準急4往復体制でいずれも名古屋発着

昭和38年（1963）4月20日　北陸本線金沢電化完成。金沢発着の「ひだ」1往復を急行に格上げ「加越」を新設、キハ58系も投入しグレードアップ。「ひだ」は富山発着1往復（下りは高岡まで直通）・高山発着1往復が加わる。高山本線内は急行1往復・準急5往復（うち1往復は夜行）

昭和40年（1965）8月5日　名鉄がデラックス気動車キハ8000系を新造し、神宮前（新名古屋）―高山間に準急「たかやま」（全車指定席）1往復の直通運転を開始。名鉄犬山線から鵜沼経由で高山本線に乗り入れる

昭和41年（1966）3月5日　国鉄の料金制度改正で「ひだ」「しろがね」「こがね」と名鉄の「たかやま」が急行に昇格。大阪―高山間に季節急行「のりくら」1往復を新設

昭和43年（1968）10月1日　高山本線初の特急「ひだ」を名古屋―金沢間に1往復新設、金沢運転所の80系6両編成で食堂車なし名古屋発着の急行は「加越」を含め「のりくら」に名称統合、大阪発着の急行は「くろゆり」に変更

昭和46年（1971）10月1日　大阪発着の不定期急行「くろゆり」の列車名称を「たかやま」に変更

昭和47年（1972）3月15日　急行「たかやま」を定期列車化。急行「しろがね」「こがね」の循環運転を廃止し高山本線内は「のりくら」に統合。「のりくら」は下り7本（1本は夜行、1本は不定期）・上り8本（同）になる

昭和48年（1973）7月20日　急行「のりくら」不定期1往復に新系列気動車の草分け、試作車キハ91系を使用開始

昭和50年（1975）3月10日　特急「ひだ」の受け持ちが名古屋第一機関区に変更。同区へ金沢運転所からキハ80系が10両転属

昭和51年（1976）9月3日　急行「のりくら」不定期1往復に使用していたキハ91系が引退

10月1日　名鉄「北アルプス」が特急に昇格、名古屋―高山間の「のりくら」2往復を特急に格上げ。特急は「ひだ」3往復（金沢1、高山2）、「北アルプス」1往復。急行「のりくら」は下り6本・上り7本

昭和53年（1978）10月2日　「のりくら」1往復を特急に格上げ名古屋―高山間に「ひだ」1往復増発、「ひだ」は4往復に。急行「たかやま」を飛騨古川まで延長。急行「のりくら」は下り5本（1本は夜行）、上り6本（同）に

昭和55年（1980）10月1日　特急「ひだ」のヘッドマークを絵入り化

昭和59年（1984）2月1日　急行「のりくら」の夜行を廃止、昼行のみ下り4本・上り5本となる

昭和60年（1985）3月14日　特急「ひだ」の金沢直通を廃止、4往復中3往復は高山・1往復は飛騨古川止まり。名鉄「北アルプス」の富山地鉄乗り入れを中止、ただし富山までは通年運行とし、飛騨古川―富山間は唯一の国鉄特急となる。急行「のりくら」の北陸本線乗り入れを中止、下りは3本が富山行き（1本は高山から普通）・1本は高山行き（下呂から普通）・上りは富山発2本・猪谷発1本（下呂まで普通）、高山発1本とする

昭和61年（1986）11月1日　特急「ひだ」の自由席を1両減らして2両とし基本編成を5両とする

昭和62年（1987）4月1日　国鉄分割民営化。高山本線は岐阜―猪谷間がJR東海、猪谷―富山間はJR西日本が継承。猪谷駅はJR西日本に帰属。特急「ひだ」と急行「のりくら」はJR東海が受け持つ

平成元年（1989）2月18日　特急「ひだ」1往復に新型高速気動車キハ85系を投入。当初は3・6号で運用

3月11日　特急「ひだ」を1往復増発し5往復に。キハ85系は3・8号で運用、名古屋―高山間は足慣らしで2時間34分。急行「のりくら」は3往復（富山2・高山1）に減少

平成2年（1990）3月10日　特急「ひだ」を3往復増発し定期8往復とし全列車をキハ85系で運転。うち3往復は富山まで延長。速達タイプは名古屋―高山間を最速2時間16分、同―富山間は最速3時間51分。「ひだ」をエル特急に指定、急行「のりくら」の定期列車を廃止。名鉄「北アルプス」は高山止まりになる

平成3年（1991）3月16日　名鉄「北アルプス」に新型高速気動車キハ8500系を投入。同系と臨時「ひだ」との併結運転を開始。一部の駅に高速走行可能な弾性両開きポイントを導入、名古屋―高山間は最速2時間9分、富山までは同3時間35分に短縮。「ひだ」は定期8往復のままだが富山発着を4往復に増強

平成8年（1996）7月25日　特急「ひだ」にワイドビューの冠称を付記し「（ワイドビュー）ひだ」とする

平成11年（1999）12月4日　大阪発着の急行「たかやま」を特急に格上げ「ひだ」に統合、岐阜―高山間は名古屋発着の列車に併結。

平成12年（2000）3月11日　名鉄「北アルプス」の併結相手を定期「ひだ」（7・18号）に変更。「ひだ」は定期2往復増発の同10往復

平成13年（2001）3月3日　特急「ひだ」の基本編成を1両減車の4両とし、同編成のみで運転の自由席は2両から1両に減る

10月1日　特急「ひだ」の富山編成のグリーン車をキロ85形に変更、座席は2&1配置

平成21年（2009）6月1日　名鉄「北アルプス」廃止。名鉄からの高山本線乗り入れが終了、鵜沼駅構内の両社連絡線ものち撤去

平成25年（2013）3月16日　特急「ひだ」は全車禁煙になる

特急「ひだ」の車内販売を中止

平成30年（2018）3月17日　特急「ひだ」の「エル特急」指定を解除

北陸（福井・金沢）方面　北陸本線（米原経由）

昭和39年（1964）12月25日　東海道新幹線開業に伴う在来線特急充実のため、名古屋―富山間（米原経由）に電車特急「しらさぎ」1往復を新設。向日町運転所の交直両用481系11連で大阪―富山間の「雷鳥」と共通運用。ただし車両新製の遅れで運転開始は同年12月25日から

昭和41年（1966）10月1日　名古屋―金沢間（米原経由）に電車急行「兼六」1往復を新設。交直両用471系などの12連

昭和43年（1968）10月1日　特急「しらさぎ」を2往復に増発

昭和46年（1971）4月26日　特急「しらさぎ」を3往復に増発

昭和47年（1972）3月15日　「しらさぎ」を4往復に増発。うち1往復は寝台特急「金星」の運用間合いで583系を使用

昭和50年（1975）3月10日　急行「兼六」1往復を特急に格上げ「しらさぎ」に統合、「兼六」は廃止。「しらさぎ」は2往復増発の6往復で12連に増強。583系「しらさぎ」の食堂車は営業休止。自由席を新設し「エル特急」に指定

昭和53年（1978）10月2日　583系「しらさぎ」を485系化。金沢止まりの「しらさぎ」1往復を増発し7往復とする。特急「しらさぎ」などで絵入りヘッドマークを使用開始

昭和59年（1984）12月12日　特急「しらさぎ」の食堂車が営業中止

昭和60年（1985）3月14日　特急「しらさぎ」編成から食堂車を外す。「しらさぎ」は金沢止まりの不定期1往復を廃止し6往復とする。編成は4往復が485系9連（グリーン車1両含む）、2往復は米原発着の「加越」と共通運用の7連（同）。米原発着の急行「くずりゅう」を廃止し快速に格下げ

昭和62年（1987）4月1日　国鉄分割民営化。名古屋―米原間の東海道本線はJR東海、米原からの北陸本線内はJR西日本に帰属。「しらさぎ」はJR西日本の485系で運転

昭和63年（1988）3月13日　特急「しらさぎ」6往復全列車を名古屋―富山間の運転とする

平成元年（1989）3月11日　「加越」2往復を名古屋発着と変更し「しらさぎ」に統合。特急「しらさぎ」は8往復に増発、特急「加越」は6往復に減少。両列車は485系7連の共通運用となる

平成3年（1991）9月1日　七尾線直流電化で特急「しらさぎ」1往復を和倉温泉着発に変更

平成9年（1997）3月22日　「しらさぎ」8往復のうち3往復を多客期に限り2両増結の9連で運転

10月1日　「しらさぎ」の増結を米原での分割・併合に変更。基本編成7両、付属編成3両とし、付属編成には平屋車体の先頭車で〝ひょうきん車両〟のクモハ485形200番代を投入

平成13年（2001）7～9月　「しらさぎ」編成に「スーパー雷鳥」廃止で捻出したグレードアップ車も順次投入。金沢・名古屋方先頭車の多くにパノラマ型グリーン車を連結。車体塗色も青系に変更しリニューアル

平成15年（2003）3月15日　「しらさぎ」4往復を新製683系2000番代に置き換え、原則基本編成5両＋付属編成3両の8連

6月1日　「しらさぎ」全列車を683系2000番代に置き換え

7月19日　米原発着の「加越」全列車を683系2000番代に置き換え。米原系統の特急は485系での運用終了

10月1日　「加越」を「しらさぎ」に統合し廃止、特急「しらさぎ」は16往復になる

平成25年（2013）3月16日　JR東海管内の名古屋―米原間で車内販売を廃止

平成26年（2014）9月15日　JR西日本管内の北陸本線・七尾線内でも車内販売を廃止

平成27年（2015）3月14日　北陸新幹線の長野―金沢間開業で、「しらさぎ」は金沢―富山・和倉温泉間を廃止。車両は旧「はくたか」編成をメインに旧「サンダーバード」編成の一部も投入し681系が主役に。旧北越急行車の681系2000番代と683系8000番代はJR西日本へ譲渡し「しらさぎ」などに使用。基本編成は6両で輸送力列車は北陸本線内のみ付属編成3両を増結し9連とする

平成30年（2018）3月17日　特急「しらさぎ」の「エル特急」指定を解除

南紀（新宮・紀伊勝浦）方面　紀勢本線

昭和34年（1959）7月15日　紀勢本線全通。準急「くまの」（天王寺―新宮間）の運転区間を天王寺―名古屋間に延長、SL・C57牽引客車列車で1往復運転。名古屋―紀伊勝浦間に夜行準急1往復新設、のち「うしお」と命名

昭和36年（1961）3月1日　準急「くまの」を急行に格上げ「紀州」に改称、キハ55系を投入し気動車化、名古屋―天王寺間に1往復の運転。準急「うしお」の上り（名古屋行き）を廃止

10月1日　急行「紀州」にキハ58系を投入、当面はキハ55系も混結使用

昭和38年（1963）10月1日　準急「うしお」を気動車化し昼行1往復増発、紀伊勝浦までは1往復半で下り1本は夜行

昭和40年（1965）3月1日　特急「くろしお」を天王寺―名古屋間（新宮経由）に1往復新設。キハ80系で食堂車連結
昭和41年（1966）3月5日　料金制度変更により準急「うしお」が急行に昇格
昭和42年（1967）10月1日　急行「うしお」を紀伊勝浦→名古屋間に昼行上り1本増発し同区間は2往復に（1往復は紀伊田辺発着）
昭和43年（1968）10月1日　「うしお」を廃止し「紀州」に統合、急行「紀州」は4往復になる
昭和48年（1973）10月1日　四日市と津を短絡する伊勢線（南四日市―津）が9月1日に開通。10月1日からは特急「くろしお」と急行「紀州」の3往復を伊勢線経由に変更。急行「紀州」は1往復増発（紀伊勝浦系統）の5往復に
昭和53年（1978）10月2日　紀勢本線新宮電化完成。「くろしお」は新宮で系統分割し天王寺方は振子電車381系を投入、名古屋方は廃止。名古屋―紀伊勝浦間にキハ80系気動車特急「南紀」3往復新設。急行「紀州」は3往復に減る
昭和57年（1982）5月17日　急行「紀州」の夜行（下りのみ1本）を廃止、昼行2往復は亀山経由で運転
昭和60年（1985）3月14日　特急「南紀」を1往復増発し4往復に、うち上り1本は紀伊勝浦→新宮間普通。急行「紀州」を廃止
昭和61年（1986）11月1日　特急「南紀」1往復が新宮―紀伊勝浦間を上下とも普通に変更
昭和62年（1987）4月1日　国鉄分割民営化。紀勢本線は名古屋―新宮間がＪＲ東海、和歌山―新宮間はＪＲ西日本が継承。新宮駅はＪＲ西日本に帰属。特急「南紀」はＪＲ東海のキハ80系で運転
平成元年（1989）3月13日　特急「南紀」を1往復増発し5往復に
平成2年（1990）3月10日　特急「南紀」1往復を快速「みえ」に格下げ（熊野市―紀伊勝浦間は各停）、「南紀」は4往復に減少
平成4年（1992）3月14日　特急「南紀」にワイドビュー車両キハ85系を投入。基本編成は4両、新宮方先頭車にパノラマタイプで全室グリーン席、2&1座席のキロ85形を連結。名古屋―紀伊勝浦間は最大42分短縮の最速3時間23分。「南紀」は1往復増発し5往復に。快速「みえ」の紀伊勝浦系統は廃止。キハ80系は定期運用を離脱
平成8年（1996）7月25日　特急「南紀」にワイドビューの冠称を付与し「（ワイドビュー）南紀」とする
平成13年（2001）3月3日　「南紀」の編成を普通車のみの3両編成に変更。多客期は半室グリーン席のキロハ84形を連結
平成15年（2003）10月1日　「南紀」の定期列車を見直し4往復とする。繁忙期は臨時列車を増発
平成21年（2009）3月14日　「南紀」のグリーン車連結を通年とし、キロハ84形を組み込み基本4両編成とする
平成25年（2013）3月16日　「南紀」の車内販売を中止

あとがき

リニア中央新幹線の工事が本格化し、東海道新幹線名古屋駅下りホームから眺める太閤通口界隈の光景も日々変化している。そうした中で、新幹線とリレーして走り続ける〝フォーライン特急〟の「しなの」「ひだ」「しらさぎ」「南紀」は、名古屋駅に発着する在来線ゆかりの名列車だ。近い将来、リニアが開通しても、地域の足を担うため、リニアそして新幹線とトリオで、新しい時代もその伝統を継承していくだろう。

しかし、クルマ社会の今日、ライバルの高速道路の整備は凄まじい。これら〝フォーライン特急〟の未来は新たなる施策が不可欠となったが、高山本線の「(ワイドビュー)ひだ」については、キハ85系の後継ぎ車としてハイブリッド気動車の投入計画が発表された。本書では地元ファンの一人として、〝名古屋発ゆかりの名列車〟や懐かしの列車のメモリアルなどを、紙面の許す限りまとめてみた。この記録が後世に伝えられれば光栄である。

本書の企画・出版に際しては、交通新聞社常務取締役の鳥澤誠氏、第1出版事業部の伊藤真一氏らに格別なご高配を賜った。また、特別寄稿を頂戴したJR東海相談役の須田寛氏をはじめ、ご協力を賜った関係各位に敬意を表し、拙文のむすびにしたい。

主な参考文献

『国鉄監修 時刻表』各号（日本交通公社）
『ＪＮＲ編集 時刻表』各号・『ＪＲ編集 時刻表』各号（弘済出版社）
『ＪＲ時刻表』各号（弘済出版社・交通新聞社）
『名古屋駅物語』『名古屋鉄道 今昔』（拙著／交通新聞社）
『名古屋鉄道社史』昭和36年（名古屋鉄道）
『停車場変遷大事典 国鉄・ＪＲ編』（ＪＴＢ）
『名古屋近郊電車のある風景 今昔』『同Ⅱ』（拙著／ＪＴＢ）
『まるごとＪＲ東海ぶらり沿線の旅』『同新版』（拙著／七賢出版）
『まるごとＪＲ東海ぶらり沿線の旅 東海旅客鉄道』『同ＪＲ・近鉄ほか編』『まるごと名古屋の電車 昭和ロマン』『まるごと名古屋の電車 昭和の名車たち』『まるごと名古屋の電車 激動の40年』（拙著／河出書房新社）
『鉄道ピクトリアル』（鉄道図書刊行会）、『鉄道ファン』（交友社）、『鉄道ジャーナル』（鉄道ジャーナル社）
『交通新聞』、『中日新聞』ほか

写真・資料提供

加藤弘行、岸 義則、稲垣光正、徳田耕治
倉知満孝・権田純朗（いずれも故人の生前中にネガをお借りしプリントしたものを徳田が所蔵）。
中日新聞社、交通新聞社、名古屋鉄道

徳田耕一（とくだこういち）
交通ライター。昭和27年（1952）、名古屋市生まれ。名城大学卒業。旅行業界の経験もあり、実学を活かし観光系の大学や専門学校で観光学の教鞭をとる。鈴鹿国際大学（現＝鈴鹿大学）と鈴鹿短期大学では客員教授を務め、現在は他校で同職。また、旅行業が縁で菓子業界との関係もでき、観光土産の企画や販路開拓にも活躍。鉄道旅行博士、はこだて観光大使（函館市）。主な著書に『名古屋駅物語』『名古屋鉄道 今昔』（交通新聞社）、『東海の快速列車 117系栄光の物語』（JTBパブリッシング）ほか多数

交通新聞社新書123
名古屋発 ゆかりの名列車
国鉄特急形が輝いた日々
（定価はカバーに表示してあります）

2018年6月15日 第1刷発行

著　者——徳田耕一
発行人——横山裕司
発行所——株式会社　交通新聞社
http://www.kotsu.co.jp/
〒101-0062　東京都千代田区神田駿河台2-3-11
NBF御茶ノ水ビル
電話　東京（03）6831-6560（編集部）
東京（03）6831-6622（販売部）

印刷・製本—大日本印刷株式会社

ISBN978-4-330-88518-6